大学物理（下册）导学教程

李　星　主编

北京理工大学出版社
BEIJING INSTITUTE OF TECHNOLOGY PRESS

内 容 简 介

本书是根据工科院校大学物理课程特点，并结合编者多年一线教学经验编写而成的。本书为下册，配套马文蔚等主编的《物理学》（第六版），包括恒定磁场、电磁感应和电磁场、光学、量子物理等内容，共四章，每章由授课章节、目的要求、重点难点、主要内容、例题精解、课后作业等部分构成，书后附有课后作业的答案。

本书适用于普通高等院校工科各专业的学生，同时对成人教育各专业的学员，以及高等院校大学物理授课教师也具有一定的参考价值。

图书在版编目（CIP）数据

大学物理（下册）导学教程／李星主编. —北京：北京理工大学出版社，2019. 9（2021.12 重印）

ISBN 978-7-5682-7543-9

Ⅰ. ①大…　Ⅱ. ①李…　Ⅲ. ①物理学-高等学校-教学参考资料　Ⅳ. ①O4

中国版本图书馆 CIP 数据核字（2019）第 200473 号

出版发行／北京理工大学出版社有限责任公司
社　　址／北京市海淀区中关村南大街 5 号
邮　　编／100081
电　　话／（010）68914775（总编室）
　　　　　（010）82562903（教材售后服务热线）
　　　　　（010）68948351（其他图书服务热线）
网　　址／http：//www. bitpress. com. cn
经　　销／全国各地新华书店
印　　刷／涿州市新华印刷有限公司
开　　本／787 毫米×1092 毫米　1/16
印　　张／7
字　　数／104 千字
版　　次／2019 年 9 月第 1 版　2021 年 12 月第 3 次印刷
定　　价／25. 00 元

责任编辑／江　立
文案编辑／赵　轩
责任校对／周瑞红
责任印制／李志强

前　言

大学物理是理工科各专业的一门重要基础课，同时也是全国硕士研究生入学考试的专业科目之一。与高中物理相比，大学物理的理论更加抽象，逻辑推理更加严密，由于许多物理问题的概念性、理论性、技巧性较强，又需要以高等数学为工具，运用物理学的基本概念和规律去分析和解决问题，因此学生普遍反映这门课程较难掌握。我们编写本书的目的就是帮助学生尽快明确学习要求，理清知识脉络，尽快完成学习方法和思维方式的转变，掌握解题的思路和方法，提高综合应用所学知识、分析问题和解决问题的能力，为后继课程的学习打下坚实的基础。

本书对大学物理知识点进行了简洁、清晰、全面的归纳，题型主要采用选择题、填空题和计算题，题目难度适中，既能考查学生对物理基本概念、基本规律的理解，也能考查学生对物理知识的迁移能力和运用能力，具有较强的诊断意义，有利于促进大学物理课程的“教”和“学”。同时本书配备有各部分教学多媒体课件以及演示实验等电子资源，引导学生对所学知识进行自我归纳和总结，以期产生新的思考，并发现新问题，达到解决新问题的目的。

参加本书编写的工作人员分工如下：李星（第七章，恒定磁场），李强（第八章，电磁感应　电磁场），薛志超（第十一章，光学），颜婷婷（第十五章，量子物理）。

在本书编写过程中，参考了相关的教材、教学辅导书和网络电子资料，各部分章节序号与马文蔚等主编的《物理学》（第六版）一书中各章节序号一致，其中根据一般院校教学大纲，删减了部分章节，因此个别章节序号有中断的情况。另外，本书内容顺序根据大学物理教学计划编写，为方便教师批阅和讲解各部分作业，同时便于学生日常复习，特将内容分为甲、乙两个部分，并且分别给出了甲、乙两部分作业题的答案，请广大读者使用时稍加注意。

由于编写时间仓促加之编者水平有限，书中难免出现疏漏和不当之处，恳请广大读者批评指正。

编　者

2019 年 6 月

总　目　录

甲本目录

乙本目录

大学物理（下册）导学教程

（甲本）

学　　号：______________________

姓　　名：______________________

班　　级：______________________

授课教师：______________________

班级：________ 姓名：________ 学号：________ 任课教师：________

授课章节	第七章 恒定磁场 7.1 恒定电流；7.3 磁场 磁感强度；7.4 毕奥－萨伐尔定律(上)
目的要求	掌握磁感应强度的定义和物理意义；掌握毕奥－萨伐尔定律
重点难点	毕奥－萨伐尔定律及其应用(叠加法、组合法)

主要内容

学习笔录：

一、磁场、磁感应强度

磁场中任一点都存在一个特殊的方向和确定的比值f_{max}/qv，这与实验运动电荷的性质无关。定义一个矢量函数$\boldsymbol{B}$，规定它的大小为$B=\dfrac{f_{max}}{qv}$，即以单位速率运动的单位正电荷所受到的磁力，其方向为放在该点的小磁针平衡时N极的指向，$\boldsymbol{B}$称为磁感应强度。

二、毕奥－萨伐尔定律

在载流导线上取电流元$I\mathrm{d}\boldsymbol{l}$，该电流元在空间任一点$P$处产生的磁感应强度为$\mathrm{d}\boldsymbol{B}$，$I\mathrm{d}\boldsymbol{l}$与矢径$\boldsymbol{r}$的夹角为$\theta$，实验表明，真空中有

$$\mathrm{d}B=\frac{\mu_0}{4\pi}\frac{I\mathrm{d}l\sin\theta}{r^2}$$

$\mathrm{d}\boldsymbol{B}$的方向即$I\mathrm{d}\boldsymbol{l}\times\boldsymbol{r}$的方向(右手螺旋法则确定)，写成矢量形式为

$$\mathrm{d}\boldsymbol{B}=\frac{\mu_0}{4\pi}\frac{I\mathrm{d}\boldsymbol{l}\times\boldsymbol{r}}{r^3}$$

长度为L的载流导线在P点的磁感应强度$\boldsymbol{B}$为

$$\boldsymbol{B}=\int_L\mathrm{d}\boldsymbol{B}=\int_L\frac{\mu_0}{4\pi}\frac{I\mathrm{d}\boldsymbol{l}\times\boldsymbol{r}}{r^3}$$

三、毕奥－萨伐尔定律的应用

❖ **解题步骤**

(1) 选取合适的坐标系，要根据电流的分布与磁场分布的特点来选取坐标系，其目的是要使数学运算简单。

(2) 根据所选择的坐标系，在载流导线上选取电流元$I\mathrm{d}\boldsymbol{l}$，按照毕奥－萨伐尔定律算出电流元产生的磁感应强度大小。

(3) 判断每个电流元产生的磁感应强度是否同向：如果同向则作标量求和积分运算；如果不同向，则需要将磁感应强度分解为x、y、z 3个方向上的分量，然后在3个方向上求和。

班级：__________　　姓名：__________　　学号：__________　　任课教师：__________

例题精解

例题1：设有一段直载流导线，电流强度为 I，P 点距导线为 a，求 P 点的 $\boldsymbol{B}$。

解：如图7－1所示，在 CD 上距 O 点为 l 处取电流元 $I\mathrm{d}\boldsymbol{l}$，$I\mathrm{d}\boldsymbol{l}$ 在 P 点产生的 $\mathrm{d}\boldsymbol{B}$ 的大小为

$$\mathrm{d}B=\frac{\mu_0}{4\pi}\frac{I\mathrm{d}l\sin\theta}{r^2}$$

$\mathrm{d}\boldsymbol{B}$ 的方向垂直纸面向内（$I\mathrm{d}\boldsymbol{l}\times\boldsymbol{r}$ 方向）。同样可知，CD 上所有电流元在 P 点产生的 $\mathrm{d}\boldsymbol{B}$ 方向均相同，所以 P 点 $\boldsymbol{B}$ 的大小等于下面的代数积分，即

$$B=\int\mathrm{d}B=\int_{CD}\frac{\mu_0}{4\pi}\frac{I\mathrm{d}l\sin\theta}{r^2}$$

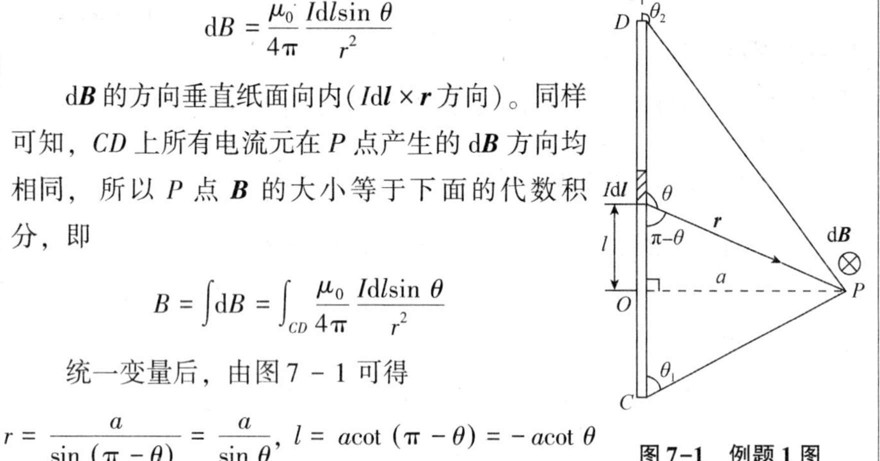

图7-1　例题1图

统一变量后，由图7－1可得

$$r=\frac{a}{\sin(\pi-\theta)}=\frac{a}{\sin\theta},\ l=a\cot(\pi-\theta)=-a\cot\theta$$

$$\mathrm{d}l=-a\cdot(-\csc^2\theta)\,\mathrm{d}\theta=a\csc^2\theta\mathrm{d}\theta=\frac{a}{\sin^2\theta}\mathrm{d}\theta$$

于是有

$$B=\int_{\theta_1}^{\theta_2}\frac{\mu_0}{4\pi}\frac{I\dfrac{a}{\sin^2\theta}\mathrm{d}\theta\cdot\sin\theta}{\dfrac{a^2}{\sin^2\theta}}=\frac{\mu_0 I}{4\pi a}\int_{\theta_1}^{\theta_2}\sin\theta\mathrm{d}\theta$$

$$=\frac{\mu_0 I}{4\pi a}(\cos\theta_1-\cos\theta_2)$$

$\boldsymbol{B}$ 的方向垂直纸面向内。

- **讨论**

（1）对于无限长导线，$\theta_1=0$，$\theta_2=\pi$，$B=\dfrac{\mu_0 I}{2\pi a}$。

（2）对于半无限长导线，$\theta_1=\dfrac{\pi}{2}$，$\theta_2=\pi$，$B=\dfrac{\mu_0 I}{4\pi a}$。

- **强调**

（1）要记住 $B=\dfrac{\mu_0 I}{4\pi a}(\cos\theta_1-\cos\theta_2)$，做题时关键在于找出 a、θ_1、θ_2。

班级：________ 姓名：________ 学号：________ 任课教师：________

（2）θ_1、θ_2 是电流方向与 P 点和 C、D 连线间夹角。

例题2：设在真空中，有一半径为 R、通电流为 I 的细导线圆环，求其轴线上距圆心 O 为 x 处的 P 点磁感应强度。（圆形载流导线轴线上的磁场）。

解：建立坐标系如图 7-2 所示，任取电流元 $I\mathrm{d}\boldsymbol{l}$，由毕奥-萨伐尔定律得

$$\mathrm{d}B=\frac{\mu_0}{4\pi}\frac{I\mathrm{d}l\sin 90^\circ}{r^2}$$

$$=\frac{\mu_0}{4\pi}\frac{I\mathrm{d}l}{r^2}$$

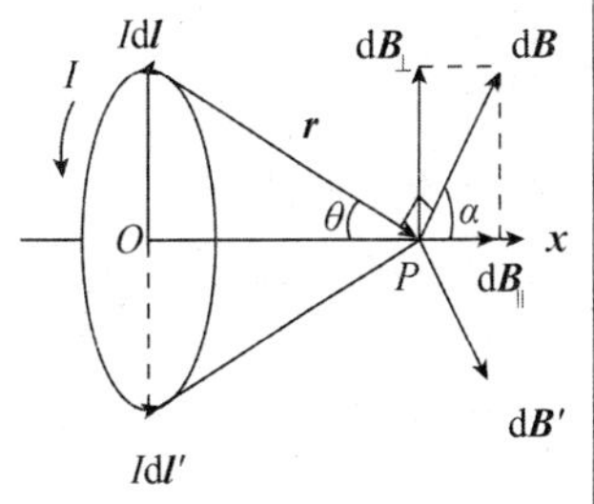

图 7-2 例题 2 图

方向如图 7-2 所示。

$\mathrm{d}\boldsymbol{B}\perp(\boldsymbol{r},I\mathrm{d}\boldsymbol{l})$，所有 $\mathrm{d}\boldsymbol{B}$ 形成锥面。

将 $\mathrm{d}\boldsymbol{B}$ 进行正交分解即 $\mathrm{d}\boldsymbol{B}=\mathrm{d}\boldsymbol{B}_\parallel+\mathrm{d}\boldsymbol{B}_\perp$，则由对称性分析得 $\boldsymbol{B}_\perp=\int\mathrm{d}\boldsymbol{B}_\perp=0$，所以有

$$B=B_\parallel=\int\mathrm{d}B_\parallel=\int\mathrm{d}B\sin\theta$$

因为

$$\sin\theta=\frac{R}{r},\ r=\text{常量}$$

所以

$$B=\frac{\mu_0 IR}{4\pi r^3}\int_0^{2\pi R}\mathrm{d}l=\frac{\mu_0 IR^2}{2r^3}$$

又因为

$$r^2=x^2+R^2,\ S=\pi R^2$$

所以

$$B=\frac{\mu_0 IR^2}{2r^3}=\frac{\mu_0 IR^2}{2(R^2+x^2)^{3/2}}$$

$\boldsymbol{B}$ 的方向：沿 x 轴正方向，与电流成右螺旋关系。

- **讨论**

（1）圆心处的磁场：$x=0$，$B=\dfrac{\mu_0 I}{2R}$。

（2）当 $x\gg R$，即 P 点远离圆环电流时，P 点的磁感应强度为：$B=\dfrac{\mu_0 IR^2}{2x^3}$。

班级：________ 姓名：________ 学号：________ 任课教师：________

例题3：如图7－3所示，长直导线折成120°，电流强度为I，A点在一段直导线的延长线上，C点为120°角平分线上的一点，$AO=CO=r$，求A、C点处的$\boldsymbol{B}$。

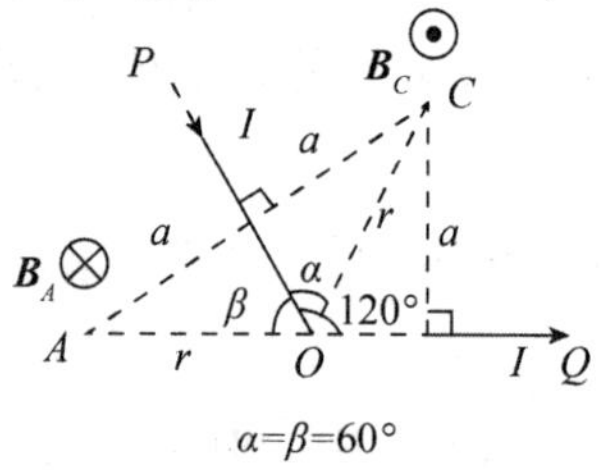

解：任一点的$\boldsymbol{B}$是由PO段导线和OQ段导线产生的磁感应强度$\boldsymbol{B}_1$、$\boldsymbol{B}_2$的叠加，即$\boldsymbol{B}=\boldsymbol{B}_1+\boldsymbol{B}_2$。

$\alpha=\beta=60°$

图7－3 例题3图

（1）求A点的$\boldsymbol{B}_A$。

$$\boldsymbol{B}_A=\boldsymbol{B}_{1A}+\boldsymbol{B}_{2A}$$

因为A点在OQ的反向延长线上，所以$\boldsymbol{B}_{2A}=0$。即$\boldsymbol{B}_A=\boldsymbol{B}_{1A}$。

故$\boldsymbol{B}_A$的方向垂直纸面向内，大小为$B_A=B_{1A}=\dfrac{\mu_0 I}{4\pi a}(\cos\theta_1-\cos\theta_2)$，其中有

$$\begin{cases}a=r\sin 60°=\dfrac{\sqrt{3}}{2}\\ \theta_1=0°\\ \theta_2=\pi-\beta=120°\end{cases}$$

于是得

$$B_A=\frac{\mu_0 I}{2\sqrt{3}\pi r}(\cos 0°-\cos 120°)=\frac{\sqrt{3}\mu_0 I}{4\pi r}$$

（2）求C点的$\boldsymbol{B}_C$。由于$\boldsymbol{B}_C=\boldsymbol{B}_{1C}+\boldsymbol{B}_{2C}$，由题知，$\boldsymbol{B}_{1C}=\boldsymbol{B}_{2C}$（大小和方向均相同），则

$$\boldsymbol{B}_C=2\boldsymbol{B}_{2C}$$

$\boldsymbol{B}_C$的方向垂直纸面向外，大小为$B_C=2B_{1C}=2\cdot\dfrac{\mu_0 I}{4\pi a}(\cos\theta_1-\cos\theta_2)$，其中有

$$\begin{cases}a=r\sin 60°=\dfrac{\sqrt{3}}{2}\\ \theta_1=0°\\ \theta_2=\pi-\alpha=120°\end{cases}$$

于是得

$$B_C=2\cdot\frac{\sqrt{3}\mu_0 I}{4\pi r}=\frac{\sqrt{3}\mu_0 I}{2\pi r}$$

班级：________ 姓名：________ 学号：________ 任课教师：________

例题4：如图7－4所示，在纸面上有一闭合回路，它由半径为R_1、R_2的半圆导线及在直径上的两直线导线组成，电流为I。求圆心O处的$\boldsymbol{B}_O$。

解：由磁场的叠加性知，任一点的$\boldsymbol{B}$是两半圆及直线段部分在该点产生的磁感应强度的矢量和。此题中，因为O在直线段延长线上，故直线段在O处产生的磁感应强度为0。

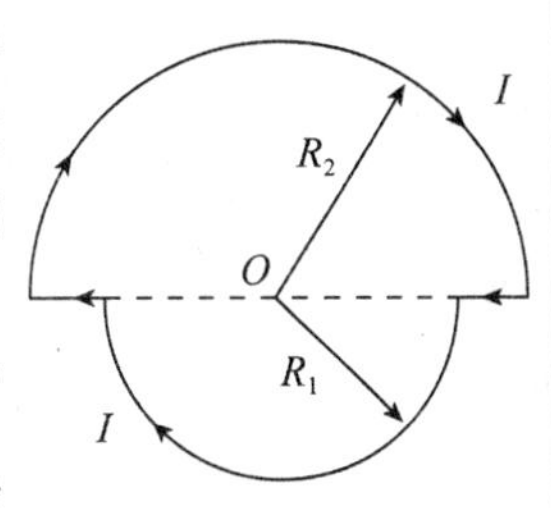

图7－4　例题4图

小半圆导线在O处产生的磁感应强度大小为$B_{O小}=\dfrac{1}{2}\dfrac{\mu_0 I}{2R_1}$(每单位长度的圆弧在$O$处产生的磁感应强度大小相同)；方向垂直纸面向内。

大半圆导线在O处产生的磁感应强度大小为$B_{O大}=\dfrac{1}{2}\dfrac{\mu_0 I}{2R_2}$；方向垂直纸面向内。于是得

$$B_O=B_{O小}+B_{O大}=\frac{\mu_0 I}{4}\left(\frac{1}{R_1}+\frac{1}{R_2}\right)$$

$\boldsymbol{B}_O$的方向为：垂直纸面向内。

课后作业

7－1　载流导线如图7－5所示，圆心O处的磁感应强度为(　　)。

A) $B=\dfrac{\mu_0 I}{4R}$，$\boldsymbol{B}$方向为$\odot$

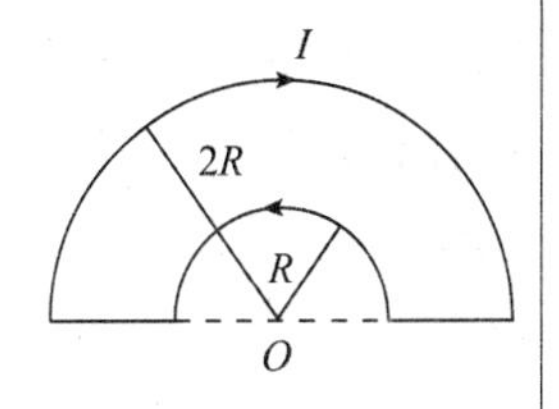

图7－5　题1图

B) $B=\dfrac{\mu_0 I}{8R}$，$\boldsymbol{B}$方向为$\otimes$

C) $B=\dfrac{\mu_0 I}{8R}$，$\boldsymbol{B}$方向为$\odot$

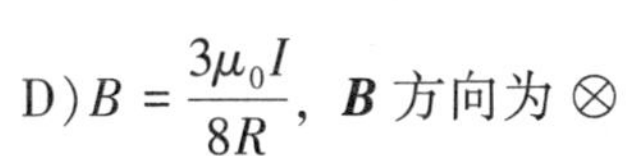

D) $B=\dfrac{3\mu_0 I}{8R}$，$\boldsymbol{B}$方向为$\otimes$

7－2　两圆环导线如图7－6所示，半径均为R，平行地共轴放置，两圆心O_1、O_2相距为a，所载电流均为I，且电流方向相同，则O_1O_2连线中点O的磁感应强度大小为__________，方向为__________。

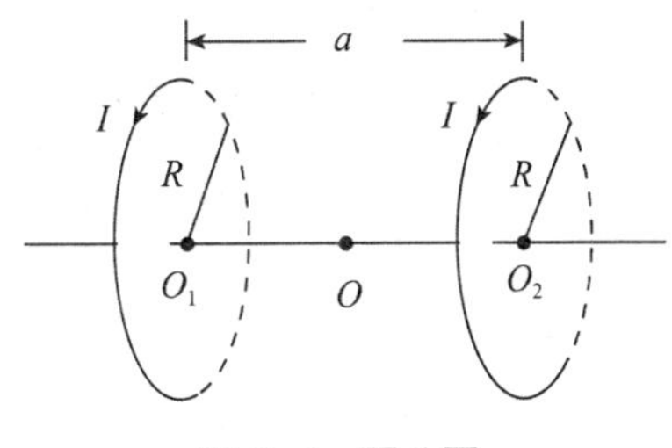

图7－6　题2图

班级：________ 姓名：________ 学号：________ 任课教师：________

7 - 3　如图7 - 7所示，宽为a的长直薄金属板，处于Oxy平面内，设金属板通以电流I，电流均匀分布，则P点$\boldsymbol{B}$的大小为(　　)。

A) $\dfrac{\mu_0 I}{2\pi(a+b)}$

B) $\dfrac{\mu_0 I}{2\pi b}\ln\dfrac{a+b}{a}$

C) $\dfrac{\mu_0 I}{2\pi a}\ln\dfrac{a+b}{b}$

D) $\dfrac{\mu_0 I}{2\pi\left(\dfrac{a}{2}+b\right)}$

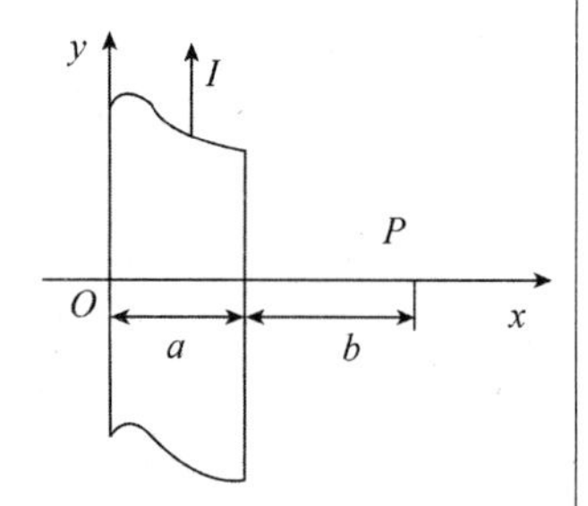

图7-7　题3图

7 - 4　如图7 - 8所示，两根导线沿半径方向引到铁环上的A、B两点，并在很远处与电源相连，则环中心处O的磁感应强度为__________。

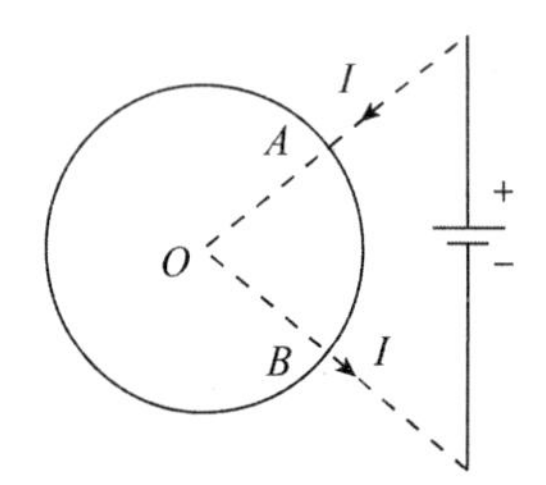

图7-8　题4图

7 - 5　如图7 - 9所示，在真空中，电流由长直导线(1)沿底边ac方向经a点流入电阻均匀的正三角形线框，再由b点沿平行底边ac的方向流出，经长直导线(2)返回电源。如果三角形边长为l，求三角形中心O处的磁感应强度。

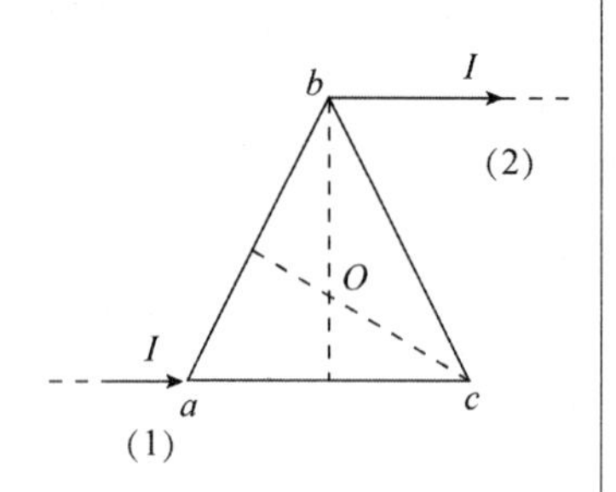

图7-9　题5图

班级：________ 姓名：________ 学号：________ 任课教师：________

7 - 6　如图7 - 10所示，在半径为R的无限长半圆柱形金属薄片中自下而上通以电流I，求圆柱轴线上任一点P的磁感应强度。

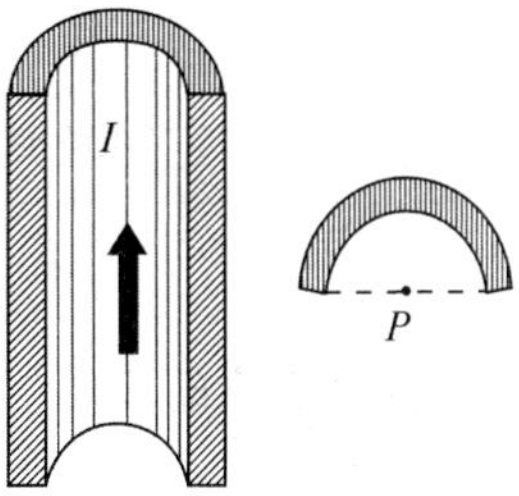

图7-10　题6图

班级：________ 姓名：________ 学号：________ 任课教师：________

授课章节	第七章　恒定磁场 7.4 毕奥 - 萨伐尔定律(下)
目的要求	掌握毕奥 - 萨伐尔定律的应用；掌握运动电荷的磁场及等效圆电流法
重点难点	毕奥 - 萨伐尔定律及其应用、等效圆电流法求磁感应强度

主要内容

学习笔录：

一、毕奥 - 萨伐尔定律的应用

※ 类型题

(1) 直接应用毕奥 - 萨伐尔定律。

① 载流长直导线：$B=\frac{\mu_0 I}{4\pi a}(\cos\theta_1-\cos\theta_2)$，方向判定方法为右手螺旋法则。

② 圆形电流轴线：$B=\frac{\mu_0 IR^2}{2(R^2+x^2)^{3/2}}$，方向判定方法为右手螺旋法则。

③ 圆心处：$B=\frac{\mu_0 I}{2R}$，方向判定方法为右手螺旋法则。

(2) 间接应用毕奥 - 萨伐尔定律。

(3) 组合型(利用已知特殊形状载流导线磁感应强度的公式)。

(4) 安培环路定理(具体内容见本书第 60 页 7.6 中的内容)。

(5) 运动电荷的磁场(等效圆电流法)。

二、运动电荷的磁场

一个电荷量为 q、速度为 $\boldsymbol{v}$ 的运动电荷，在距其矢径为 $\boldsymbol{r}$ 处产生的磁感应强度为 $\boldsymbol{B}_q=\frac{\mu_0}{4\pi}\frac{q\boldsymbol{v}\times\boldsymbol{r}}{r^3}$，$\boldsymbol{B}$ 的方向垂直于 $\boldsymbol{v}$ 与 $\boldsymbol{r}$ 所确定的平面：当 $q>0$(正电荷)时，$\boldsymbol{B}$ 的方向与 $\boldsymbol{v}\times\boldsymbol{r}$ 方向相同；当 $q<0$(负电荷)时，$\boldsymbol{B}$ 的方向为 $\boldsymbol{v}\times\boldsymbol{r}$ 方向相反。

等效圆电流法采用圆电流产生的磁场公式，其中由电荷圆周运动形成的电流，相当于一个平面圆形载流导线，其磁感应强度的方向与电流满足右手螺旋法则。根据平面圆形载流导线在其中心产生 $\boldsymbol{B}$ 的大小公式，可求出 $\boldsymbol{B}$ 的大小，于是有

$$I=\frac{q}{T}=q\frac{\omega}{2\pi}$$

$$\boldsymbol{B}=\frac{\mu_0 I}{2R}=\frac{\mu_0 q\omega}{4\pi R}$$

班级：________ 姓名：________ 学号：________ 任课教师：________

例题精解

例题5：如图7－11所示，设电量为$+q$的粒子，以角速度ω作半径为R的匀速圆周运动，求在圆心O处产生的$\boldsymbol{B}$。

解：方法一$\left(\text{用}\ \boldsymbol{B}=\dfrac{\mu_0}{4\pi}\dfrac{q\boldsymbol{v}\times\boldsymbol{r}}{r^3}\right)$如下。

运动电荷产生的$\boldsymbol{B}=\dfrac{\mu_0}{4\pi}\dfrac{q\boldsymbol{v}\times\boldsymbol{r}}{r^3}$，故$\boldsymbol{B}$大小为

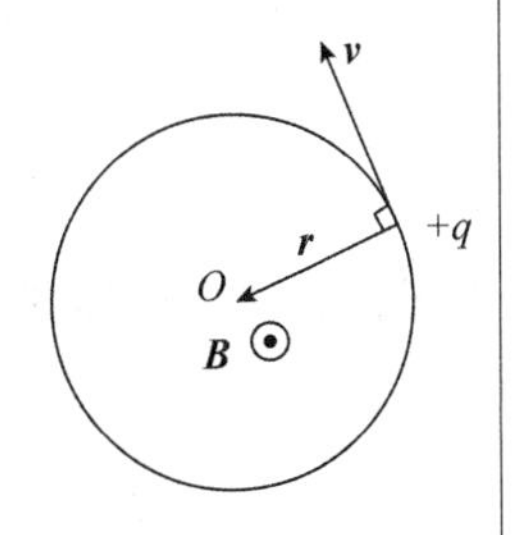

图7-11　例题5图

$$B=\frac{\mu_0}{4\pi}\frac{qvr\sin\frac{\pi}{2}}{r^3}$$

又因$r=R$，$v=R\omega$，故

$$B=\frac{\mu_0}{4\pi}\frac{q\omega}{R}$$

$\boldsymbol{B}$的方向为：垂直纸面向外。

方法二(用圆电流产生$\boldsymbol{B}$的公式）如下。

由于电荷运动，则形成电流。在此，$+q$形成的电流与$+q$运动的轨迹(圆周）重合，且电流方向为逆时针方向，相当于一个平面圆形载流导线。于是可知，$\boldsymbol{B}$的方向垂直纸面向外。根据平面圆形载流导线在其中心产生$\boldsymbol{B}$的大小公式，可求出$\boldsymbol{B}$的大小。

设圆周运动周期为T，则有

$$I=\frac{q}{T}=q\frac{\omega}{2\pi}$$

于是得

$$\boldsymbol{B}=\frac{\mu_0 I}{2R}=\frac{\mu_0 q\omega}{4\pi R}$$

例题6：带电刚性细杆CD，电荷线密度为λ，绕垂直于直线的轴O以ω角速度匀速转动(O点在细杆CD延长线上)，点C与点O的距离为a，杆CD长为b，求O点的磁感应强度$\boldsymbol{B}_O$。

解：如图7－12示在CD上距O点r处取线元$\mathrm{d}r$，其上带电量$\mathrm{d}q=\lambda\mathrm{d}r$。

$\mathrm{d}q$旋转对应的电流强度为

$$\mathrm{d}I=\frac{\omega}{2\pi}\mathrm{d}q=\frac{\lambda\omega}{2\pi}\mathrm{d}r$$

它在O点产生的磁感应强度大小为

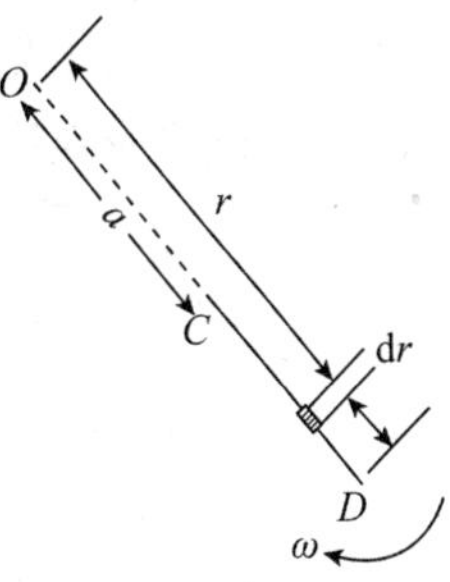

图7-12　例题6图

班级：________ 姓名：________ 学号：________ 任课教师：________

$$dB = \frac{\mu_0 dI}{2r} = \frac{\mu_0 \lambda \omega}{4\pi} \cdot \frac{dr}{r}$$

O 点的磁感应强度大小为

$$B_O = \int dB = \frac{\mu_0 \omega \lambda}{4\pi}\int_a^{a+b} \frac{dr}{r} = \frac{\mu_0 \omega \lambda}{4\pi}\ln\frac{a+b}{a}$$

$\lambda > 0$ 时 $\boldsymbol{B}_O$ 的方向为垂直纸面向内。

课后作业

7－7　将无限长导线弯成如图7－13所示的形状并通以电流I，则圆心处磁感应强度大小为(　　)。

A) $\frac{\mu_0 I}{2R}(1+\pi)$

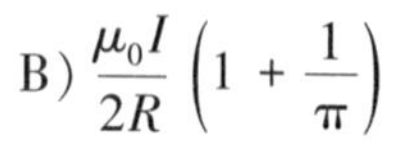

B) $\frac{\mu_0 I}{2R}\left(1+\frac{1}{\pi}\right)$

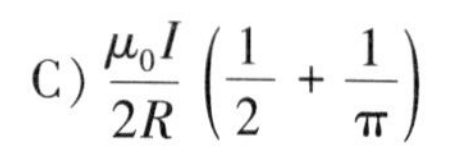

C) $\frac{\mu_0 I}{2R}\left(\frac{1}{2}+\frac{1}{\pi}\right)$

D) $\frac{\mu_0 I}{2R}\left(\frac{1}{4}+\frac{1}{\pi}\right)$

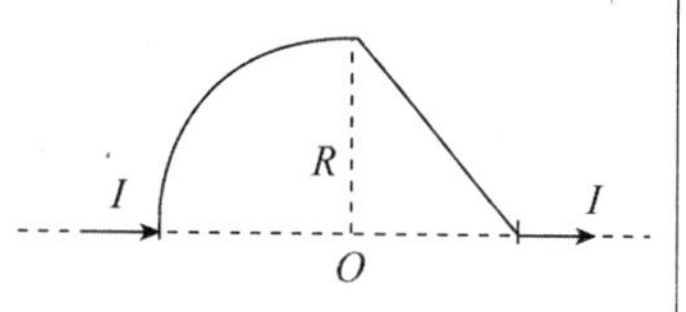

图7-13　题7图

7－8　如图7－14所示，一条无限长载流直导线，电流为I，在一处折成直角，P点在折线的延长线上，其到折点的距离为a，则P点的磁感应强度大小为__________，方向为__________。

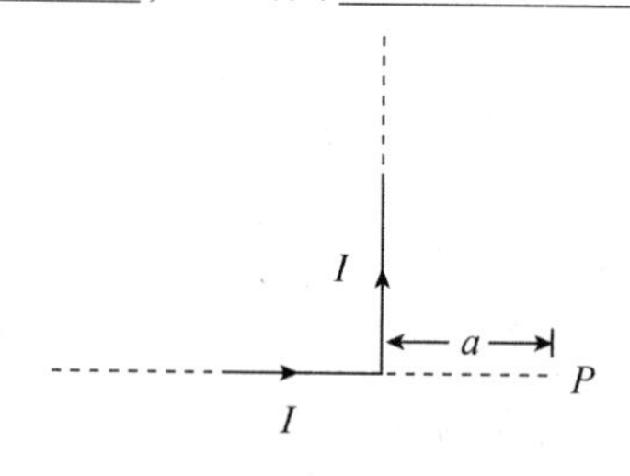

图7-14　题8图

7－9　如图7－15所示的载流导线，电流I由a点进入圆形导线，又从b点流出，则O点磁感应强度大小为________，方向为________。

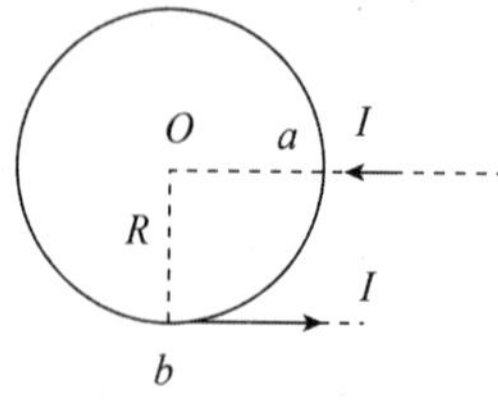

图7-15　题9图

班级：________ 姓名：________ 学号：________ 任课教师：________

7 - 10　现有一长为L、均匀带电为Q的细杆以速度$\boldsymbol{v}$沿X轴正向运动，当细杆运动至与Y轴重合位置时，细杆下端点与坐标原点相距为a(如图7 - 16所示)，求O点的$\boldsymbol{B}$。

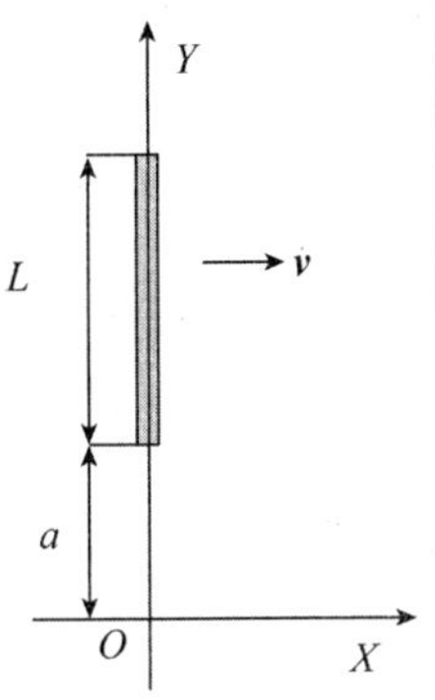

图7-16　题10图

7 - 11　半径为R的均匀带电半圆弧，带电量为Q，以角速度ω绕轴$O'O$转动(如图7 - 17所示)，求O点的$\boldsymbol{B}$。

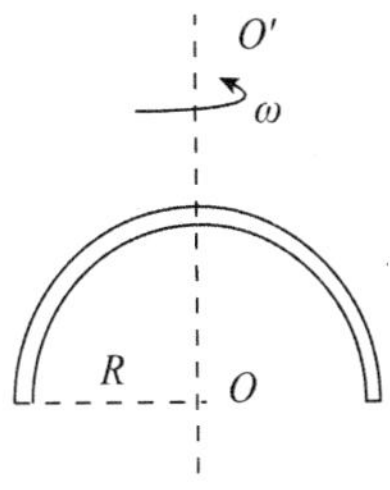

图7-17　题11图

班级：________　姓名：________　学号：________　任课教师：________

7 - 12　如图7 - 18所示，一个内外半径分别为 a 和 b 的均匀带电薄圆环，绕通过环心并与环平面垂直的轴以角速度 ω 旋转，设圆环带电量为 Q，求环心处 $\boldsymbol{B}$ 的大小。

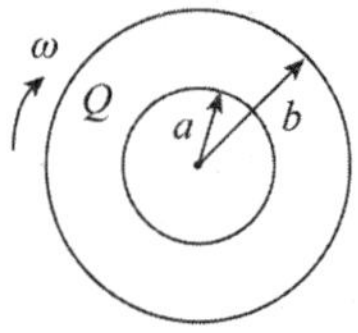

图7-18　题12图

班级：________　姓名：________　学号：________　任课教师：________

授课章节	第七章　恒定磁场 7.7 带电粒子在电场和磁场中的运动；7.8 载流导线在磁场中所受的力(上)
目的要求	掌握洛伦兹力的物理意义；掌握磁场对载流导线的安培力；掌握磁力矩的定义和均匀磁场对闭合导线的作用
重点难点	洛伦兹力的大小和方向；安培定则的应用；磁力矩的计算

主要内容

学习笔录：

一、电场和磁场对运动电荷的作用

(1) 电荷在电场中所受的力为电场力，电场力与电荷运动与否无关，记为$\boldsymbol{F}_e = q\boldsymbol{E}$。

(2) 运动电荷在磁场中所受的力(通常称为洛伦兹力)为

$$f = Bqv\sin\theta$$

写成矢量形式为$\boldsymbol{f} = q\boldsymbol{v}\times\boldsymbol{B}$，上式中$\theta$为$\boldsymbol{v}$与$\boldsymbol{B}$的夹角，方向由右手螺旋法则判定。

磁场对运动电荷的作用具有以下特点。

① 磁场只对运动电荷有作用力。

② 洛伦兹力与电荷正负有关，当$q>0$时，洛伦兹力的方向与$\boldsymbol{v}\times\boldsymbol{B}$的方向相同；当$q<0$时，洛伦兹力的方向与$\boldsymbol{v}\times\boldsymbol{B}$的方向相反。

③ 洛伦兹力不做功。

(3) 应用举例：霍尔效应。

① 根据霍尔电压的方向和磁场方向，判定载流子的电性；

② 根据载流子的电性和磁场方向，判定霍尔电压的方向。

二、磁场对载流导线的作用

1. 安培定则

一根载流导线放在任意磁场中，在载流导线上取电流元$I\mathrm{d}\boldsymbol{l}$，则此电流元受到磁场的作用力为$\mathrm{d}\boldsymbol{F} = I\mathrm{d}\boldsymbol{l}\times\boldsymbol{B}$，写成标量形式为$\mathrm{d}F = I\mathrm{d}lB\sin\theta$，其中$\theta$为电流元$I\mathrm{d}\boldsymbol{l}$与磁感应强度$\boldsymbol{B}$的夹角，安培力的方向由右手螺旋法则判定。

对于有限长载流导线则有

$$\boldsymbol{F} = \int I\mathrm{d}\boldsymbol{l}\times\boldsymbol{B}$$

班级：________ 姓名：________ 学号：________ 任课教师：________

2. 应用安培定则解题的流程

应用安培定则解题的流程如图 7－32 所示。

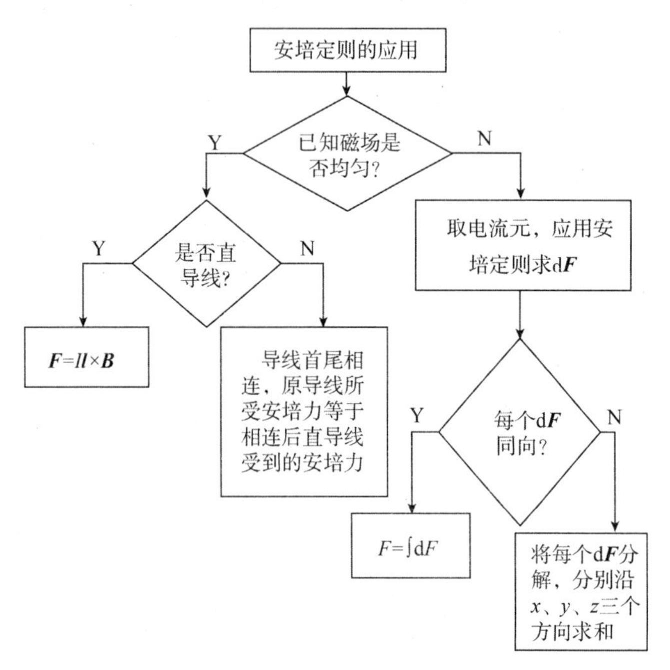

图 7－32　应用安培定则解题的流程

例题精解

例题 11：如图 7－33 所示，在 $B=0.01\ \mathrm{T}$ 的均匀磁场中，电子以 $\boldsymbol{v}=10^4\ \mathrm{m\cdot s^{-1}}$ 的速度在磁场中从 A 点运动，电子运动速度和磁感应强度 $\boldsymbol{B}$ 的夹角为 30°，求电子的轨道半径和旋转频率。

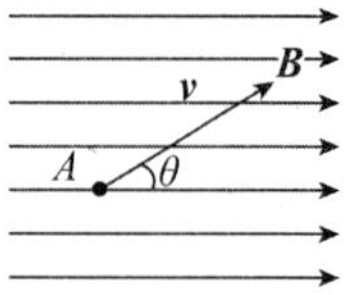

图 7－33　例题 11 图

解：带电粒子在磁场中作螺旋运动，受到的洛伦兹力作为其螺旋圆周运动的向心力，即 $\boldsymbol{f}=q\boldsymbol{v}\times\boldsymbol{B}$，大小为 $f=Bqv\sin\theta$。根据牛顿第二定律，$f=Bqv_{\perp}=m\dfrac{v_{\perp}^{2}}{R}$，$v_{\perp}$ 为电子运动速度沿垂直于 $\boldsymbol{B}$ 方向上的分量，则电子在磁场中运动的轨道半径为 $R=\dfrac{mv_{\perp}}{eB}=\dfrac{mv\sin\theta}{eB}=2.84\times10^{-6}\ \mathrm{m}$，回转频率为 $f=\dfrac{eB}{2\pi m}=2.79\times10^{8}\ \mathrm{Hz}$。

例题 12：已知地面上空某处地磁场的磁感应强度 $B=0.4\times10^{-4}\ \mathrm{T}$，方向向北。若宇宙射线中有一速度 $v=5\times10^{7}\ \mathrm{m\cdot s^{-1}}$ 的质子垂直地面通过该处。求：(1) 洛伦兹力的方向；(2) 洛伦兹力的大小，并将其与该质子受到的万有引力进行比较。

班级：________ 姓名：________ 学号：________ 任课教师：________

解：(1) 依照$\boldsymbol{f}=q\boldsymbol{v}\times\boldsymbol{B}$可知，洛伦兹力$\boldsymbol{f}$方向与$\boldsymbol{v}\times\boldsymbol{B}$的方向相同，如图7－34所示。

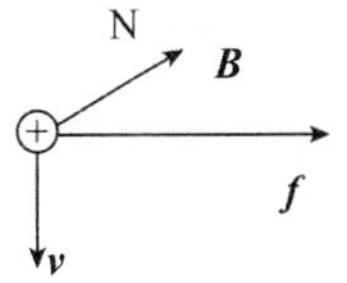

(2) 因为$\boldsymbol{v}\perp\boldsymbol{B}$，故质子所受的洛伦兹力为

$$f=Bqv=3.2\times10^{-16}\ \mathrm{N}$$

地球表面质子所受的万有引力$G=m_{\mathrm{p}}g=1.64\times10^{-26}\ \mathrm{N}$，因而有$f/G=1.95\times10^{10}$，即质子所受的洛伦兹力远大于重力。

图7－34　例题12图

例题13：如图7－35所示，半径为R、电流为I的半圆形载流导线（半圆环），放在匀强磁场中，磁感应强度为$\boldsymbol{B}$，磁场方向垂直纸面向外，求半圆环受到的安培力。

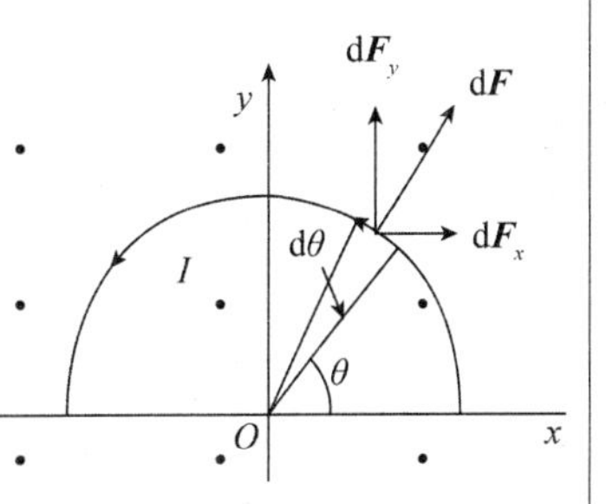

图7－35　例题13图

解：如图7－35所示，建立坐标系，原点在圆心，电流元$Id\boldsymbol{l}$受到安培力，大小为

$\mathrm{d}F=I\mathrm{d}lB\sin\frac{\pi}{2}$，方向沿圆环半径向外。

各处电流元受力方向不同（均沿各自半径向外），对安培力先分解为

$$\mathrm{d}F_x=\mathrm{d}F\cos\theta=BIR\mathrm{d}\theta\cos\theta$$

$$\mathrm{d}F_y=\mathrm{d}F\sin\theta=BIR\mathrm{d}\theta\sin\theta$$

则有

$$\boldsymbol{F}=BIR\left[\int_0^{\pi}\cos\theta\mathrm{d}\theta\boldsymbol{i}+\int_0^{\pi}\sin\theta\mathrm{d}\theta\boldsymbol{j}\right]=2BIR\boldsymbol{j}$$

结果表明：半圆形载流导线上所受的力与其两个端点相连的直导线所受到的力相等。由本题结果可推论出在匀强磁场中一个任意弯曲载流导线上所受的磁场力等效于弯曲导线始、终两点间直导线通以等大电流时在同样磁场中所受安培力。

例题14：设有两根平行的长直导线，分别通有电流I_1和I_2，距离为d，导线直径远小于d，忽略形变，载流导线Ⅰ在载流导线Ⅱ单位长度上所产生的磁场力为

$$F_2=B_1I_2=\frac{\mu_0I_1I_2}{2\pi d}$$

同理，载流导线Ⅰ单位长度线段受电流I_2的磁场作用力也等于这一数值，即

$$F_1=B_2I_1=\frac{\mu_0I_1I_2}{2\pi d}$$

班级：＿＿＿＿＿　姓名：＿＿＿＿＿　学号：＿＿＿＿＿　任课教师：＿＿＿＿＿

受力方向如图 7 - 36 所示，两导线相互吸引，不难看出若两载流导线电流方向相反，则相互排斥。

在国际单位制中把安培定义为基本单位，定义如下，真空中相距 1 m 的两无限长而圆截面可忽略的平行直导线内载有相同电流时，若两导线之间产生的力在每米长度上等于 2×10^{-7} N，则导线中的电流强度定义为 1 A。

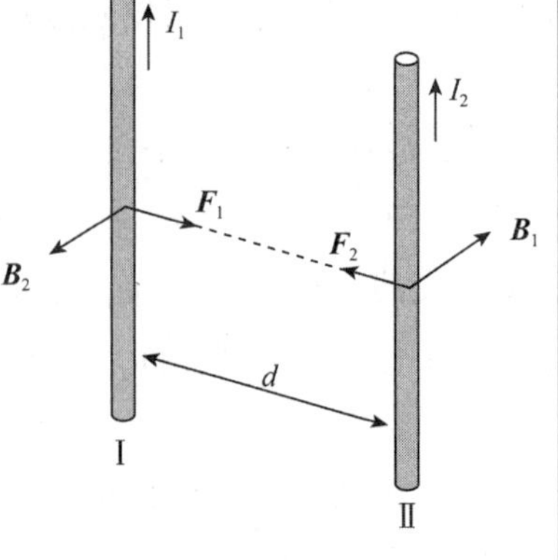

图 7-36　例题 14 图

课后作业

7 - 23　一均匀磁场，其磁感应强度方向垂直于纸面，两带电粒子在该磁场中的运动轨迹如图 7 - 37 所示，则(　　)。

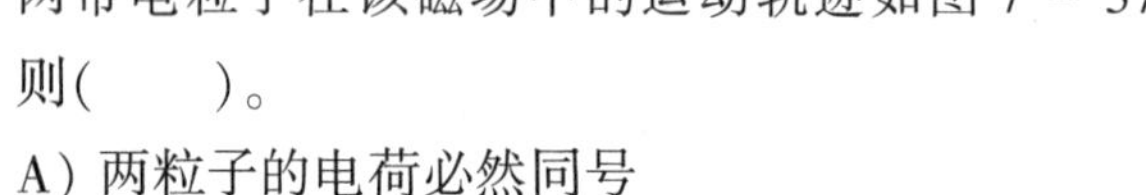
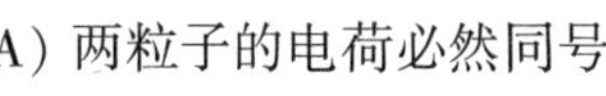

A) 两粒子的电荷必然同号

B) 粒子的电荷可以同号也可以异号

C) 两粒子的动量大小必然不同

D) 两粒子的运动周期必然不同

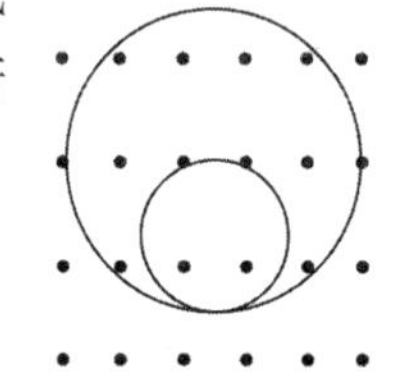

图 7-37　题 23 图

7 - 24　一电流元 $Id\boldsymbol{l}$ 在磁场中某一点处(设该点为笛卡尔坐标系原点)，当该电流元方向取 X 轴正向时，不受力；当电流元方向取 Y 轴正向时，受力方向为 Z 轴正向。则该点处 $\boldsymbol{B}$ 的方向为 (　　)。

A) Y 轴正向　　B) Y 轴负向

C) X 轴负向　　D) Z 轴负向

7 - 25　如图 7 - 38 所示，在同一平面内三条无限长导线依次等距排列，分别载有电流 1 A、2 A 和 3 A，则导线(1) 与导线(2) 受力之比 $F_1 : F_2$ 为(　　)。

A) 7 : 16　　B) 5 : 8

C) 7 : 8　　D) 5 : 4

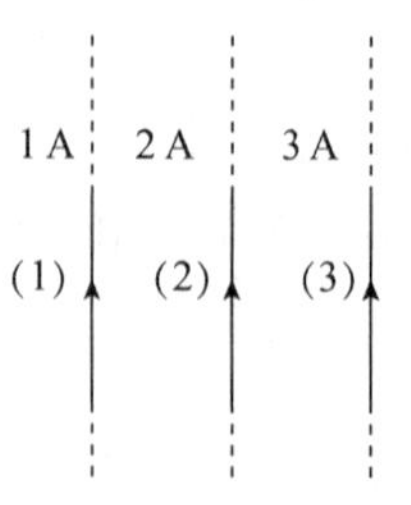

图 7-38　题 25 图

班级：________ 姓名：________ 学号：________ 任课教师：________

7 - 26　如图7 - 39所示，在真空中有一半径为 a 的3/4圆弧形导线，其中通以稳恒电流 I，导线置于均匀外磁场 $\boldsymbol{B}$ 中，且 $\boldsymbol{B}$ 与导线所在平面垂直，则该圆弧载流导线 bc 所受的安培力大小为__________。

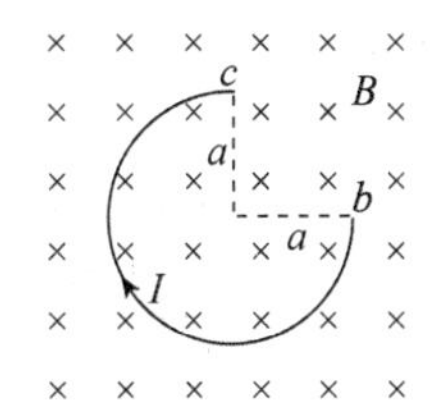

图7-39　题26图

7 - 27　匀强电场 $\boldsymbol{E}$ 和匀强磁场 $\boldsymbol{B}$ 相互垂直（如图7 - 40所示），若使电子在该区域中作匀速直线运动，则电子运动速度的方向为________。

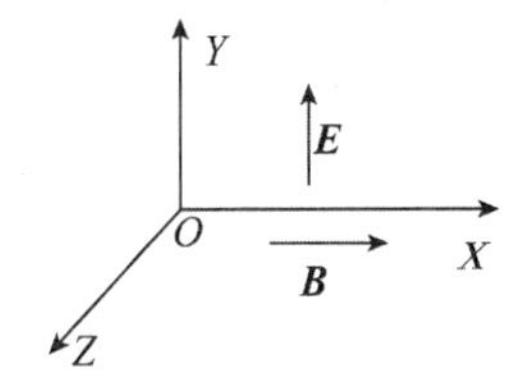

图7-40　题27图

7 - 28　如图7 - 41所示，载流为 I 的金属导体置于匀强磁场 $\boldsymbol{B}$ 中，则金属上表面将积累__________电荷；__________表面电势高。

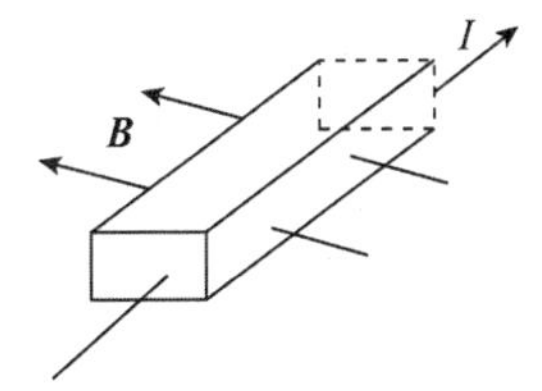

图7-41　题28图

班级：________ 姓名：________ 学号：________ 任课教师：________

7 - 29 载有电流 I_2 的直角三角形线框，与载荷电流 I_1 的长直导线共面(如图 7 - 42 所示)，试求 I_1 产生的磁场对线框三个边作用力 $\boldsymbol{F}_{AB}$、$\boldsymbol{F}_{BC}$、$\boldsymbol{F}_{CA}$ 的大小及方向。

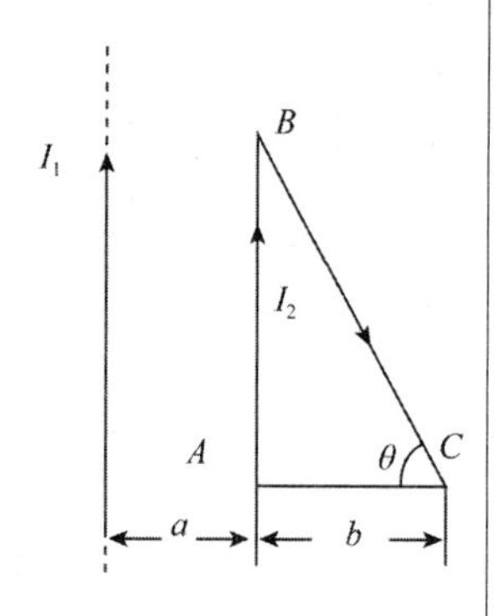

图 7-42 题 29 图

班级：________ 姓名：________ 学号：________ 任课教师：________

授课章节	第七章 恒定磁场 7.8 载流导线在磁场中所受的力(下)
目的要求	掌握载流线圈在磁场中所受到的磁力矩
重点难点	磁矩的方向；磁力矩的计算

主要内容

学习笔录：

一、均匀磁场对载流平面线圈的作用

1. 磁矩

磁矩是描述线圈物理性质的物理量。

线圈法线方向 $\boldsymbol{n}$：按右手螺旋法则，四指绕向与电流方向相同，大拇指方向即为线圈法线方向。

线圈磁矩为

$$\boldsymbol{P}_{\mathrm{m}} = I\boldsymbol{S} = IS\boldsymbol{n}$$

若有 N 匝线圈，则磁矩为

$$\boldsymbol{P}_{\mathrm{m}} = NI\boldsymbol{S} = NIS\boldsymbol{n}$$

2. 磁力矩

均匀磁场中线圈受到的磁力矩为

$$\boldsymbol{M} = \boldsymbol{P}_{\mathrm{m}} \times \boldsymbol{B}$$

其大小为

$$M = P_{\mathrm{m}}B\sin\theta$$

当 $\theta = \pi/2$ 时，线圈与磁场 $\boldsymbol{B}$ 平行，磁力矩 $M_{\max} = P_{\mathrm{m}}B$；

当 $\theta = 0$ 时，线圈与磁场 $\boldsymbol{B}$ 垂直，磁力矩 $M = 0$，线圈处于稳定平衡位置。

当 $\theta = \pi$ 时，线圈与磁场 $\boldsymbol{B}$ 垂直，磁力矩 $M = 0$，线圈处于不稳定平衡位置。

例题精解

例题15：一正方形线圈由外皮绝缘的细导线绕成，共绕有200匝，每边长为150 mm，放在 $B = 4.0$ T的强外磁场中，当导线中通有 $I = 8.0$ A的电流时，求：

(1) 线圈磁矩 $\boldsymbol{P}_{\mathrm{m}}$ 的大小；(2) 作用在线圈上的磁力矩的最大值。

解：(1) 按照磁矩的定义，此线圈的磁矩为

班级：________ 姓名：________ 学号：________ 任课教师：________

$$P_m = NIS = 200 \times 8.0\ \text{A} \times (150 \times 10^{-3}\ \text{m})^2 = 36\ \text{A} \cdot \text{m}^2$$

（2）当线圈平面的法线与磁场方向垂直时，线圈所受的磁力矩最大，故线圈所受最大磁力矩为

$$M_{max} = |\boldsymbol{P}_m \times \boldsymbol{B}| = P_m B = 36\ \text{A} \cdot \text{m}^2 \times 4.0\ \text{T} = 144\ \text{N} \cdot \text{m}$$

例题16：如图7－43所示，半径为0.20 m、电流为20 A的圆形载流线圈，放在匀强磁场中，磁感应强度 $B = 0.08$ T，方向沿 x 轴，问线圈受力情况怎样？

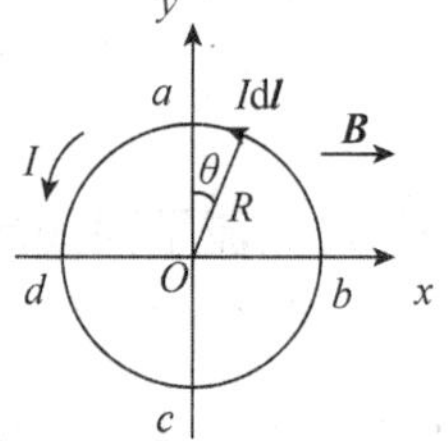

图7－43 例题16图

解：把圆形线圈分为两部分，abc 和 cda，由前面例题知，半圆 abc 所受的力为

$$\boldsymbol{F}_1 = -BI(2R)\boldsymbol{k} = -2RBI\boldsymbol{k}$$
$$= -2 \times 0.20 \times 0.08 \times 20\boldsymbol{k}$$
$$= -0.64\boldsymbol{k}\ \text{N}$$

同理，可以计算出作用在 cda 上的力为

$$\boldsymbol{F}_2 = 0.64\boldsymbol{k}\ \text{N}$$

则两者的合力为零。

下面来计算磁力矩。线圈在磁力矩的作用下绕 y 轴转动，由定义可知，作用在电流元 $I\text{d}\boldsymbol{l}$ 上的磁力矩 $\text{d}\boldsymbol{M}$ 大小为

$$\text{d}M = I\text{d}lBd\sin\theta$$

式中，$d = R\sin\theta$；$\text{d}l = R\text{d}\theta$。因而 $\text{d}M = IR\text{d}\theta BR\sin\theta\sin\theta = IR^2B\sin^2\theta\text{d}\theta$。

于是作用在整个线圈上的磁力矩 $\boldsymbol{M}$ 大小为

$$M = \int_0^{2\pi} IR^2B\sin^2\theta\text{d}\theta = IB\pi R^2$$

磁力矩 $\boldsymbol{M}$ 的方向沿 y 轴正向，用磁矩表示：由于 $\boldsymbol{P}_m = IS\boldsymbol{k} = I\pi R^2\boldsymbol{k}$，又因为 $\boldsymbol{B} = B\boldsymbol{i}$，所以 $\boldsymbol{M} = \boldsymbol{P}_m \times \boldsymbol{B} = IB\pi R^2\boldsymbol{j}$。

课后作业

7－30 用长为 L 的导线先后弯成单匝圆线圈和半径相同的双匝同心线圈，如通以相同电流，则双匝线圈中心的磁感应强度和磁矩分别是单匝线圈中心的磁感应强度和磁矩的（ ）。

A) 2倍和 $\frac{1}{2}$　　B) 4倍和 $\frac{1}{2}$

C) 2倍和 $\frac{1}{4}$　　D) 4倍和 $\frac{1}{4}$

班级：________ 姓名：________ 学号：________ 任课教师：________

7 - 31　如图7 - 44所示，通有电流I的正方形线圈置于匀强磁场$\boldsymbol{B}$中，设正方形边长为a，$\boldsymbol{B}$方向沿z轴正向，则该线圈所受磁力矩大小为____________，方向为____________。

图7-44　题31图

7 - 32　半径为R的薄圆盘均匀带电Q，以角速度ω绕圆盘轴线转动，圆盘放在匀强磁场$\boldsymbol{B}$中（如图7 - 45所示），试求：(1) 圆盘的磁矩；(2) 圆盘所受磁力矩。

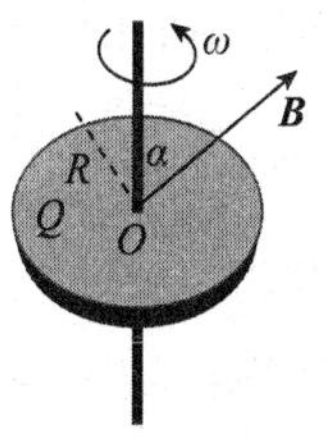

图7-45　题32图

微　课

班级：________ 姓名：________ 学号：________ 任课教师：________

授课章节	第八章　电磁感应　电磁场 8.2 动生电动势和感生电动势
目的要求	掌握动生电动势计算公式，能计算几何形状简单的导体在匀强磁场或空间分布简单的非匀强磁场中运动时所产生的动生电动势；掌握感生电场的概念，会判断其方向，能用感生电场的环流计算简单形状导体中的感生电动势
重点难点	动生电动势的计算

主要内容

学习笔录：

一、动生电动势

导体在稳恒(但不一定均匀)磁场中运动所产生的感应电动势(在直角坐标系中，坐标轴正向即为设定的电动势方向或者说$a\to b$的方向与坐标轴正向同方向，a、b为导体的两端)：$\varepsilon_{\mathrm{i}}=\int_a^b(\boldsymbol{v}\times\boldsymbol{B})\cdot\mathrm{d}\boldsymbol{l}$。

说明：①计算时，要注意公式中的两个角度，即$\boldsymbol{v}$与$\boldsymbol{B}$之间的夹角和$\boldsymbol{v}\times\boldsymbol{B}$与$\mathrm{d}\boldsymbol{l}$的夹角；②$\varepsilon_{\mathrm{i}}>0$表明动生电动势方向与设定方向一致，否则相反；③使用时可在积分中不标上、下限，积分结果一律取正值即是动生电动势的大小，其方向可由$\boldsymbol{v}\times\boldsymbol{B}$判断。

二、感生电动势和感生电场

当穿过静止回路的磁场(多为限制于圆筒内的匀强磁场)随时间变化时，产生的感应电动势称为感生电动势，方向一般都可用楞次定律判断。

封闭在半径为R的圆筒空间内的匀强磁场，若$\frac{\mathrm{d}B}{\mathrm{d}t}\neq 0$，则产生的感应电场大小具体如下：

$r<R$时，$E_{\mathrm{i}}=\frac{r}{2}\frac{\mathrm{d}B}{\mathrm{d}t}$；

$r>R$时，$E_{\mathrm{i}}=\frac{R^2}{2}\frac{\mathrm{d}B}{\mathrm{d}t}$。

从上面可以看出，磁场只在圆柱体内变化，但在整个空间都产生感生电场，由于其电场线是闭合状的，所以这个感生电场也叫涡旋电场。

感生电场的环流即感生电动势，具体表达式为：$\varepsilon_{\mathrm{i}}=\oint_l\boldsymbol{E}_{\mathrm{i}}\cdot\mathrm{d}\boldsymbol{l}=-\iint_S\frac{\mathrm{d}\boldsymbol{B}}{\mathrm{d}t}\cdot\mathrm{d}\boldsymbol{S}$。

班级：__________ 姓名：__________ 学号：__________ 任课教师：__________

感生电场 $\boldsymbol{E}_i$ 的方向与 $-\mathrm{d}\boldsymbol{B}/\mathrm{d}t$ 的方向成右手螺旋关系。

例题精解

例题4： 如图8－9(a)所示，长直导线内通有电流 I，与其相距 r_0 处有一直角三角形线圈 CDE，已知 $DE=a$，$EC=b$。设线圈以速度 $\boldsymbol{v}$ 向右运动，试求线圈内的感应电动势。

解： 由动生电动势公式来计算(方法一)。

因线圈回路是三角形，所以先求出各边的动生电动势，再计算整个线圈的动生电动势。

对 CE 边来说，因 $\boldsymbol{B}$、$\boldsymbol{v}$、$\boldsymbol{l}$ 3者互相垂直，CE 边上各点的磁感应强度相等，所以 CE 边的动生电动势大小为

$$\varepsilon_{CE}=Blv=\frac{\mu_0 I}{2\pi r_0}bv$$

方向由 E 指向 C。

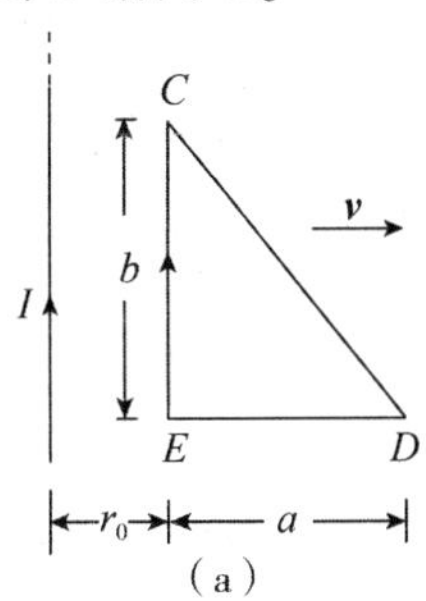

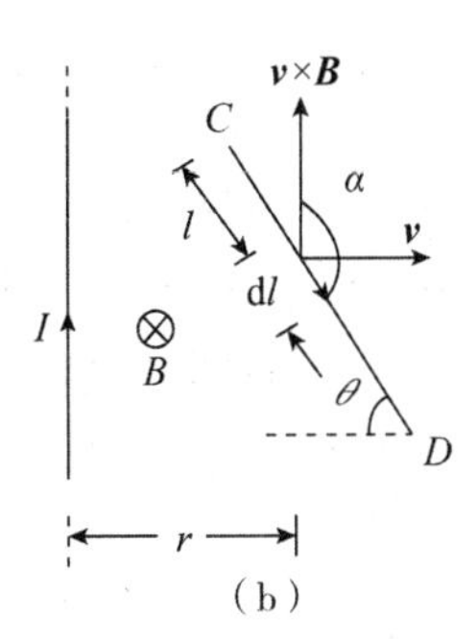

图8-9　例题4图（方法一）

由于 ED 边不切割磁力线，所以 $\varepsilon_{ED}=0$。

对 DC 边来说，导线上各点的磁感应强度不等，且 $\boldsymbol{v}$ 和 $\boldsymbol{l}$ 不垂直，如图8－9(b)所示，在 DC 边上任取 $\mathrm{d}\boldsymbol{l}$，其动生电动势为

$$\mathrm{d}\varepsilon=(\boldsymbol{v}\times\boldsymbol{B})\cdot\mathrm{d}\boldsymbol{l}=\left(vB\sin\frac{\pi}{2}\right)\cos\alpha\mathrm{d}l=vB\cos\left(\frac{\pi}{2}+\theta\right)\mathrm{d}l=-Bv\sin\theta\mathrm{d}l$$

DC 边上的动生电动势为

$$\varepsilon_{DC}=\int\mathrm{d}\varepsilon=-\int Bv\sin\theta\mathrm{d}l$$

$$=-\int\frac{\mu_0 I}{2\pi r}v\sin\theta\mathrm{d}l=-\int_0^{a/\cos\theta}\frac{\mu_0 Iv\sin\theta\mathrm{d}l}{2\pi(r_0+l\cos\theta)}=-\frac{\mu_0 Ivb}{2\pi a}\ln\frac{r_0+a}{r_0}$$

根据右手定则易知 ε_{DC} 由 D 指向 C。

三角形线圈的总动生电动势为

班级：________ 姓名：________ 学号：________ 任课教师：________

$$\varepsilon_i = \varepsilon_{CE} + \varepsilon_{ED} + \varepsilon_{DC} = \frac{\mu_0 I}{2\pi r_0}bv - \frac{\mu_0 Ib}{2\pi a}v\ln\frac{r_0 + a}{r_0}$$

图8－9分别画出了线元d$\boldsymbol{l}$的两个方向，请认真比较一下，并由此说明：① d$\boldsymbol{l}$正方向的规定有无限制；②能否由dε的正负判定ε_{CD}的方向。

由法拉第定律来计算(方法二)。

先求磁通量，为此把三角形回路划分为许多平行于长导线的窄条，任取面元dS(如图8－10所示)，则

$$dS = ydr = (r_0 + a - r)\tan\theta dr = (r_0 + a - r)\frac{b}{a}dr$$

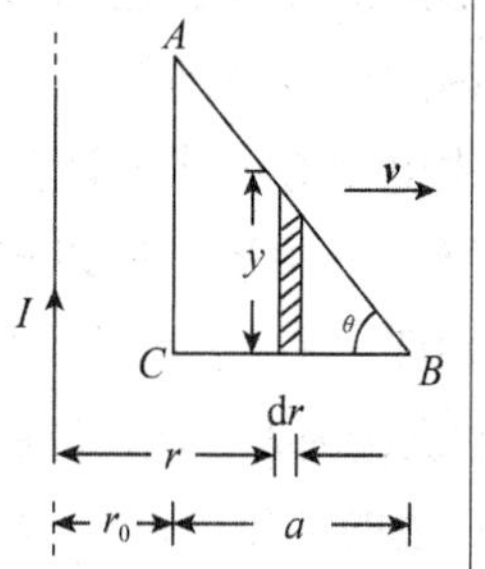

图8-10 例题4图

(方法二)

通过三角形回路的磁通量为

$$\Phi = \int B \cdot dS = \int \frac{\mu_0 I}{2\pi r}(r_0 + a - r)\frac{b}{a}dr$$

$$= \frac{\mu_0 Ib}{2\pi a}\int_{r_0}^{r_0+a}\left(\frac{r_0 + a}{r} - 1\right)dr$$

$$= \frac{\mu_0 Ib}{2\pi a}\left[(r_0 + a)\ln\frac{r_0 + a}{r_0} - a\right]$$

再求磁通量的时间变化率，具体公式为

$$\varepsilon_1 = \frac{\mu_0 I}{2\pi}bv\left(\frac{1}{r_0} - \frac{1}{a}\ln\frac{r_0 + a}{r_0}\right) - \frac{d\Phi}{dt}$$

$$= -\frac{d\Phi}{dr_0}\frac{dr_0}{dt} = -\frac{\mu_0 Ib}{2\pi a}\left(\ln\frac{r_0 + a}{r_0} - \frac{a}{r_0}\right)v$$

例题5：如图8－11所示，长为l的细导体棒在匀强磁场中，绕过A处垂直于纸面的轴以角速度ω匀速转动，求AB的ε_i。

解：用$\varepsilon_i = \int_A^C(\boldsymbol{v} \times \boldsymbol{B}) \cdot d\boldsymbol{l}$求解(方法一)。

d$\boldsymbol{l}$段(由$A \to C$方向)产生的动生电动势为

$$d\varepsilon_i = vBdl = \omega Bldl$$

AC棒产生的电动势为

$$\varepsilon_i = \int d\varepsilon_i = \int_A^C(\boldsymbol{v} \times \boldsymbol{B}) \cdot d\boldsymbol{l} = \int_0^l \omega Bldl = \frac{1}{2}\omega Bl^2 > 0$$

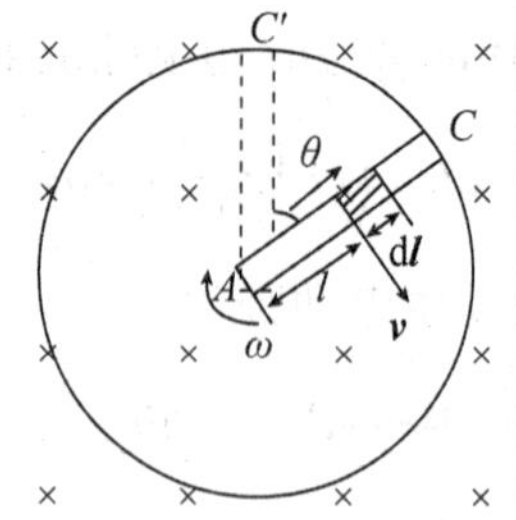

图8-11 例题5图

即C点比A点电势高。

班级：________ 姓名：________ 学号：________ 任课教师：________

用 $\varepsilon_i = -\dfrac{d\Phi}{dt}$ 求解(方法二)。

设 $t=0$ 时，杆位于 AC' 位置，t 时刻转到实线位置，取 $AC'CA$ 为绕行方向($AC'CA$ 视为回路)，则通过此回路所围面积的磁通量为

$$\Phi = BS\cos 0° = B\frac{1}{2}\omega t l^2$$

于是得

$$\varepsilon_i = -\frac{d\Phi}{dt} = -\frac{1}{2}\omega B l^2$$

因为 $\varepsilon_i < 0$，所以 ε_i 沿回路反方向。

回路中只有 AC 段产生电动势，AC 段电动势值为

$$\varepsilon_i = \frac{1}{2}\omega B l^2$$

ε_i 指向 C 方向。

例题6：如图8－12所示，匀强磁场被限制在半径为 R 的圆筒内且与筒轴平行，磁场在变强。回路 $abcda$ 中 ad、bc 均在半径方向上，ab、dc 均为圆弧，半径分别为 r、r'，θ 已知，求该回路的感生电动势。

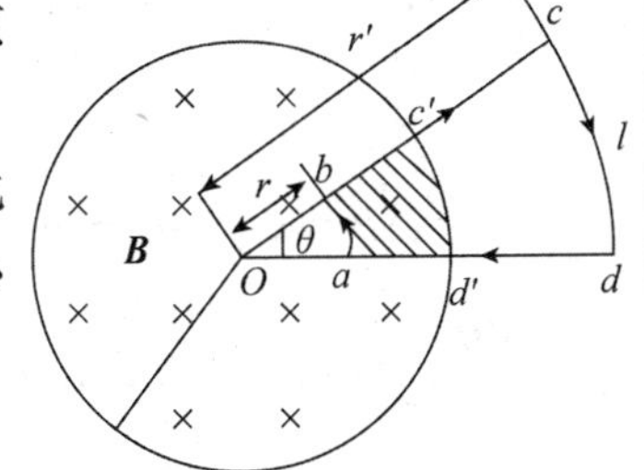

图8－12　例题6图

解：根据磁场分布的对称性可知，变化磁场产生的涡旋电场的电场线是一系列同心圆，圆心为 O。

用 $\varepsilon_i = \oint_l \boldsymbol{E} \cdot d\boldsymbol{l}$ 求解(方法一)。

取 $abcda$ 为绕行方向，有

$$\varepsilon_i = \oint_l \boldsymbol{E}_k \cdot d\boldsymbol{l} = \int_{ab} \boldsymbol{E}_k \cdot d\boldsymbol{l} + \int_{bc} \boldsymbol{E}_k \cdot d\boldsymbol{l} + \int_{cd} \boldsymbol{E}_k \cdot d\boldsymbol{l} + \int_{da} \boldsymbol{E}_k \cdot d\boldsymbol{l}$$

因感生电场的方向与 bc 和 ad 处处垂直，故

$$\int_{bc} \boldsymbol{E}_k \cdot d\boldsymbol{l} = \int_{ad} \boldsymbol{E}_k \cdot d\boldsymbol{l} = 0$$

则

$$\begin{aligned}\varepsilon_i &= \int_{ab} \boldsymbol{E}_k \cdot d\boldsymbol{l} + \int_{cd} \boldsymbol{E}_k \cdot d\boldsymbol{l} \\ &= \int_0^r \frac{1}{2} r \frac{dB}{dt} dl - \int_0^R \frac{R^2}{2r'} \frac{dB}{dt} \cdot dl = \frac{1}{2} r \frac{dB}{dt} \int_0^r dl - \frac{R^2}{2r'} \frac{dB}{dt} \int_0^{r'} dl \\ &= \frac{1}{2}\theta (r^2 - R^2) \frac{dB}{dt}\end{aligned}$$

因为 $\varepsilon_i < 0$，所以 ε_i 为逆时针方向。

班级：________ 姓名：________ 学号：________ 任课教师：________

用 $\varepsilon_i = -\frac{d\Phi}{dt}$ 求解(方法二)。

通过回路 l 的磁通量等于阴影面积磁通量，则

$$\Phi = \boldsymbol{B} \cdot \boldsymbol{S} = B\left(\frac{1}{2}\theta R^2 - \frac{1}{2}\theta r^2\right)$$

$$\varepsilon_i = -\frac{d\Phi}{dt} = \frac{1}{2}\theta(r^2 - R^2)\frac{dB}{dt}$$

因为 $\varepsilon_i < 0$，所以 ε_i 为逆时针方向，在半径方位上不产生电动势。

例题 7：在电子感应加速器中，电子在轴对称的变化磁场作用下被加速。要保持电子的运行轨道半径一定，轨道环所在处的磁场 B 应该等于环所围绕的面积中 B 平均值的一半，请予以证明。

解：电子感应加速器中，感生电场与变化磁场有相同的对称轴，感生电场线是一系列圆心在对称轴上的圆周。由感生电场的规律和电子运动方程可证明此题。电子沿半径 R 一定的圆轨道运动时，感生电场使它沿切向加速，磁场提供向心力，则其运动方程如下。

在切向方向有

$$eE_{感生} = m_{电子}a_t = m_{电子}\frac{dv}{dt} \quad ①$$

在法向方向有

$$evB = m_{电子}a_n = m_{电子}\frac{v^2}{R} \quad ②$$

由②式得 $v = \frac{eBR}{m_{电子}}$，对此式微分，在 R 一定时，有

$$\frac{dv}{dt} = \frac{eR}{m_{电子}}\frac{dB}{dt} \quad ③$$

将③式代入①式求得

$$E_{感生} = R\frac{dB}{dt} \quad ④$$

式中，B 为电子运行轨道处的磁感应强度。

电子运行的轨道圆环即为加速器中感生电场的电场线，沿此轨道计算 $E_{感生}$ 的曲线积分，据电磁感应定律可得，磁场区域内半径 R 处感生电场强度大小为

$$E_{感生} = \frac{1}{2\pi R}\frac{d\Phi}{dt} = \frac{1}{2\pi R}\left(\frac{d\overline{B}}{dt}\pi R^2\right) = \frac{R}{2}\frac{d\overline{B}}{dt} \quad ⑤$$

式中，$\overline{B}$ 为轨道包围面积内的平均磁感应强度。

比较④、⑤两式，得

$$\frac{dB}{dt} = \frac{1}{2}\frac{d\overline{B}}{dt}$$

班级：________ 姓名：________ 学号：________ 任课教师：________

由此可得 $B=\overline{B}/2$，命题得以证明。

课后作业

8-7　如图8-13所示，直角三角形金属框架 abc 放在匀强磁场中，磁场 $\boldsymbol{B}$ 平行于 ab 边，bc 的长度为 l。当金属框架绕 ab 边以匀角速度 ω 转动时，abc 回路中的感应电动势 ε_i 和 a、c 两点间的电势差 V_a-V_c 为(　　)。

A）0，$B\omega l^2$

B）0，$-B\omega l^2/2$

C）$B\omega l^2$，$B\omega l^2/2$

D）$B\omega l^2$，$B\omega l^2$

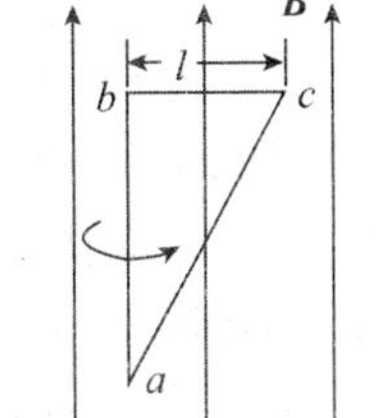

图8-13　题7图

8-8　在无限长的载流直导线附近放置一矩形闭合线圈，开始时线圈与导线在同一平面内，且线圈中两条边与导线平行，当线圈以相同的速率作如图8-14所示的三种不同方向平动时，线圈中的感应电流(　　)。

A）以情况 Ⅰ 中为最大　　B）以情况 Ⅱ 中为最大

C）以情况 Ⅲ 中为最大　　D）在情况 Ⅰ 和 Ⅱ 中相同

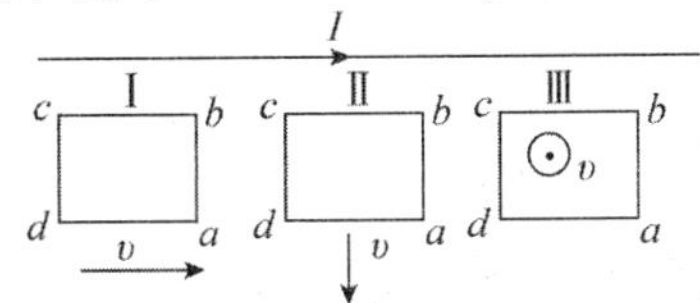

图8-14　题8图

8-9　如图8-15所示，一根长为 L 的金属细杆 ab 绕竖直轴 O_1O_2 以角速度 ω 在水平面内旋转，O_1O_2 在离细杆 a 端 $L/5$ 处。若已知地磁场在竖直方向的分量为 $\boldsymbol{B}$，则 ab 两端间的电势差为________。

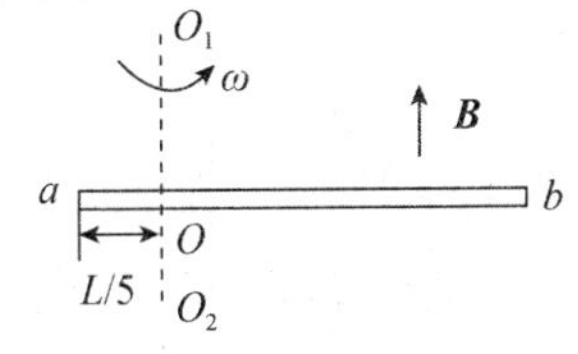

图8-15　题9图

8-10　两相互平行且无限长的直导线载有大小相等方向相反的电流，长度为 b 的金属杆 CD 与导线共面且垂直，相对位置如图8-16所示，CD 杆以平行于直线电流的速度 $\boldsymbol{v}$ 运动。(1) 求 CD 杆中的感应电动势。(2) 判断 C、D 两点中哪点电势较高。

班级：________ 姓名：________ 学号：________ 任课教师：________

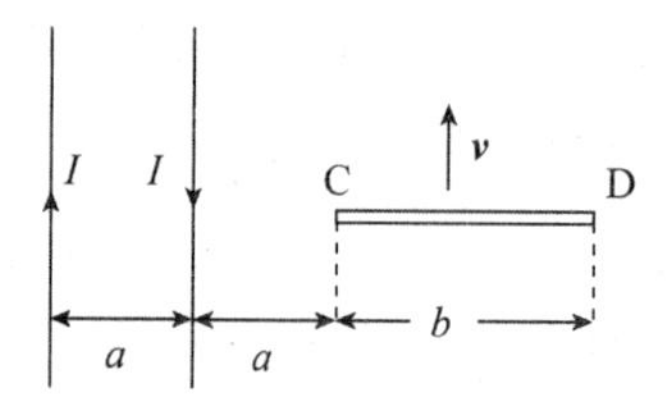

图 8-16 题 10 图

8 - 11 一长直载流导线载有电流 I，在它的旁边有一段直导线 $AB(AB = L)$，长直载流导线与直导线在同一平面内，夹角为 θ。直导线 AB 以速度 $\boldsymbol{v}$（$\boldsymbol{v}$ 的方向垂直于载流导线）运动。已知 $I = 100$ A，$v = 5.0$ m/s，$\theta = 30°$，$a = 2$ cm，$L = 16$ cm。试求：(1) 在图 8 - 17 所示位置 AB 导线的感应电动势 ε；(2) A 和 B 两点中哪点电势较高。

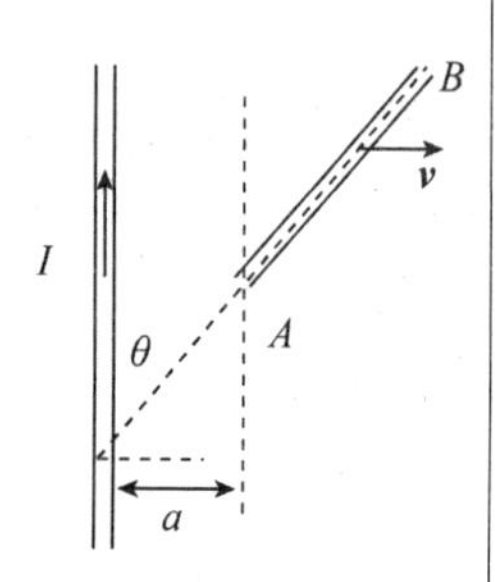

图 8-17 题 11 图

8 - 12 如图 8 - 18 所示，在半径 $R = 0.10$ m 的区域内有均匀磁场，方向垂直纸面向外，设磁场以 $\dfrac{dB}{dt} = 100$ T/s 的匀速率增加。已知 $\theta = \pi/3$，$Oa = Ob = r = 0.04$ m，试求：(1) 半径为 r 的导体圆环中的感应电动势及 P 点处感生电场强度的大小；(2) 等腰梯形导线框 $abcd$ 中的感应电动势，并指出感应电流的方向。

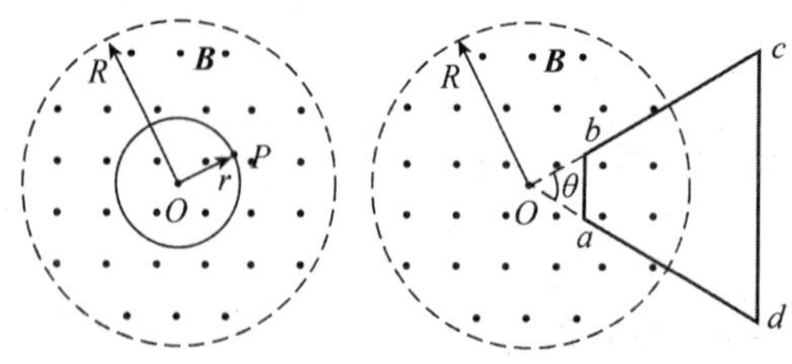

图 8-18 题 12 图

微 课

班级：＿＿＿＿　姓名：＿＿＿＿　学号：＿＿＿＿　任课教师：＿＿＿＿

授课章节	第十一章　光学 11.1 相干光；11.2 杨氏双缝干涉　劳埃德镜
目的要求	掌握光程、光程差及光程差与相位差的关系；掌握杨氏双缝干涉的明暗条纹的位置及形成条件
重点难点	光的相干性；光程差；杨氏双缝干涉

主要内容　　　　**学习笔录：**

一、光程、光程差

1. 光的干涉现象和相干条件

两束相干光在空间相遇时，光的强度形成稳定的明暗相间的空间分布现象。

相干的条件为：振动方向相同，振动频率相同，相位差恒定。

获得相干光的常见方法有：分波阵面法，分振幅法。

2. 明暗条纹条件

(1) 明暗条纹条件用相位差表示如下。

明纹条件为

$$\Delta\varphi = \pm 2k\pi \quad (k = 0, 1, 2, \cdots)$$

暗纹条件为

$$\Delta\varphi = \pm(2k+1)\pi \quad (k = 0, 1, 2, \cdots)$$

(2) 明暗条纹条件用光程差表示如下。

明纹条件为

$$\delta = \pm k\lambda \quad (k = 0, 1, 2, \cdots)$$

暗纹条件为

$$\delta = \pm(2k+1)\frac{\lambda}{2} \quad (k = 0, 1, 2, \cdots)$$

3. 光程及光程差

(1) 光程：媒质折射率与光在该介质中走过的几何路程之积称为光程，即 nr，它的意义是把光在不同介质中所走过的路程折算为光在真空中的路程，这样便于比较。

(2) 光程差 δ：两束相干光的光程差值。在一条光路中插入厚为 r 的介质后，这条光路的光程将改变 $(n-1)r$。

(3) 光程差与相位差的关系：$\Delta\varphi = 2\pi\dfrac{\delta}{\lambda}$。

4. 半波损失

当光从光疏介质射向光密介质时，反射光的相位发生了 π 的突变，相当于损失了半个波长的光程，称为半波损失。

班级：________ 姓名：________ 学号：________ 任课教师：________

一般在三种介质界面计算两束反射光的光程差时，判断半波损失产生的附加光程差的方法，可以用下面的经验口诀，当三种媒质折射率满足：$n_1 > n_2 > n_3$ 或 $n_1 < n_2 < n_3$ 时，“顺次型，无附加光程差”；$n_1 > n_2$ 且 $n_2 < n_3$ 或 $n_1 < n_2$ 且 $n_2 > n_3$ 时，“夹馅型，加 $\lambda/2$ 附加光程差”。

薄透镜不引起附加光程差，折射光都无半波损失。

二、杨氏双缝干涉(分波阵面法)

1. 光程差与明暗条件

几何关系为：$\sin\theta \approx \tan\theta = \dfrac{x}{D}$。

光程差为：$\delta = r_2 - r_1 \approx d \cdot \sin\theta = d \cdot \dfrac{x}{D}$。

明暗条件为

明纹时，$\delta = \pm k\lambda \quad (k = 0, 1, 2, \cdots)$；

暗纹时，$\delta = \pm(2k+1)\dfrac{\lambda}{2} \quad (k = 0, 1, 2, \cdots)$。

2. 条纹位置与条纹间距

(1) 条纹位置。将光程差代入明暗条件可得

$$x_{明} = \pm\frac{D}{d}k\lambda \quad (k = 0, 1, 2, \cdots)$$

$$x_{暗} = \pm\frac{D}{d}\left(k + \frac{1}{2}\right)\lambda \quad (k = 0, 1, 2, \cdots)$$

(2) 条纹间距。相邻的两条明纹(或暗纹)间的距离为

$$\Delta x = x_{k+1} - x_k = \frac{D}{d}\lambda$$

(3) 在光路中加入介质，引起光程差的变化。

这种情况下的光程差为 $\delta'' = (r_2 - r_1) \pm (n-1)e = d\dfrac{x''}{D} \pm (n-1)e$，将光程差代入明暗条件，可计算得出新的原来同级条纹的位置 x''。

例题精解

例题1：在杨氏双缝干涉实验中，暗纹条件的规定具有一定的人为性。在哪种情况下，级数 k 与条纹序数相同？在何种规定下，级数 k 与条纹序数相差1？

解：因明纹条件只能是 $\delta = \pm k\lambda$，而暗纹条件可以是 $\delta = \pm(2k+1)\lambda/2$，也可以是 $\delta = \pm(2k-1)\lambda/2$。因此，一般不能把条纹的级数 k 和序数(即第几条条纹的顺序编号)等同起来。在解题中，要根据具体的干涉条件，先确定 k 的最小值，同时确定该条纹的序数，从而决定条纹的 k

班级：________ 姓名：________ 学号：________ 任课教师：________

值与序数是否相同或者相差1。

若规定$\delta = \pm(2k+1)\lambda/2$，则$k_{\min} = 0$，$k$的取值为0，1，2，…，而相应的条纹序数则是第一、第二、第三等，所以，在这种规定下暗纹的级数k与暗纹的序数相差1。

若规定$\delta = \pm(2k-1)\lambda/2$，则$k_{\min} = 1$，$k$的取值为1，2，3，…，相应的条纹序数是第一、第二、第三等，因而，在这种规定下，暗纹的级数k与暗纹的序数相同。

可见，明纹和暗纹并无截然的分界线，所以算出的条纹位置应是明纹和暗纹的中心线。

例题2：以单色光照射到相距为0.2 mm的双缝上，缝距为1 m。(1) 从第一级明纹到同侧第四级的明纹为7.5 mm时，求入射光波长；(2) 若入射光波长为6×10^{-7} m，求相邻明纹间距离。

解：(1) 明纹坐标为$x = \pm k\dfrac{D\lambda}{d}$，由题意有

$$x_4 - x_1 = 4\frac{D\lambda}{d} - \frac{D\lambda}{d} = \frac{3D\lambda}{d}$$

于是得

$$\lambda = \frac{d}{3D}(x_4 - x_1) = \frac{0.2\times10^{-3}\ \text{m}}{3\times1\ \text{m}}\times7.5\times10^{-3}\ \text{m} = 5\times10^{-7}\ \text{m}$$

(2) 当$\lambda = 6\times10^{-7}$ m时，相邻明纹间距为

$$\Delta x = \frac{D\lambda}{d} = \frac{1\ \text{m}\times6\times10^{-7}\ \text{m}}{0.2\times10^{-3}\ \text{m}} = 3\times10^{-3}\ \text{m} = 3\ \text{mm}$$

例题3：如图11-1所示，当杨氏双缝干涉实验装置的一条狭缝后面盖上折射率为$n = 1.58$的云母片时，观察到屏幕上干涉条纹移动了9个条纹间距，已知波长$\lambda = 550$ nm，求云母片的厚度b。

解：没有盖云母片时，零级明条纹在O点；当S_1缝后盖上云母片后，光线1的光程增大。由于零级明条纹所对应的光程差为零，所以这时零级明条纹只有上移，才能使光程差为零。依题意，S_1缝盖上云母片后，零级明条纹由O点移动到原来的第九级明条纹位置P点，当$x \ll d$时，S_1发出的光可以近似看作垂直通过云母片，光程增加为$(n-1)b$，从而有$(n-1)b = k\lambda$。于是得

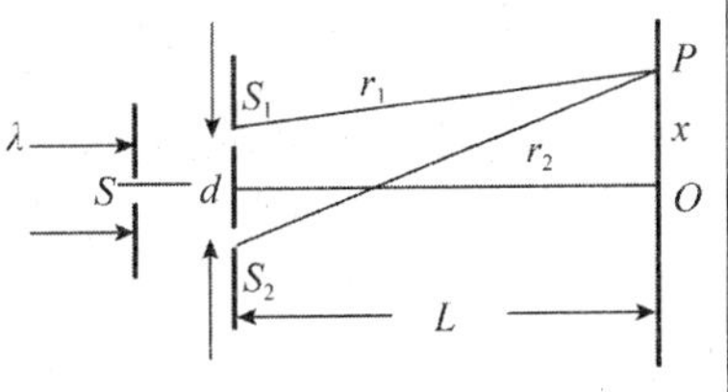

图11-1 例题3图

$$b = \frac{k\lambda}{n-1} = \frac{9}{1.58-1}\times550\times10^{-9}\ \text{m} = 8.53\times10^{-6}\ \text{m}$$

班级：________ 姓名：________ 学号：________ 任课教师：________

课后作业

11 － 1　如图11 － 2所示，波长为λ的平行单色光斜入射到距离为d的双缝上，入射角为θ。在图中的屏中央O处($S_1O = S_2O$)，两束相干光的相位差为________。

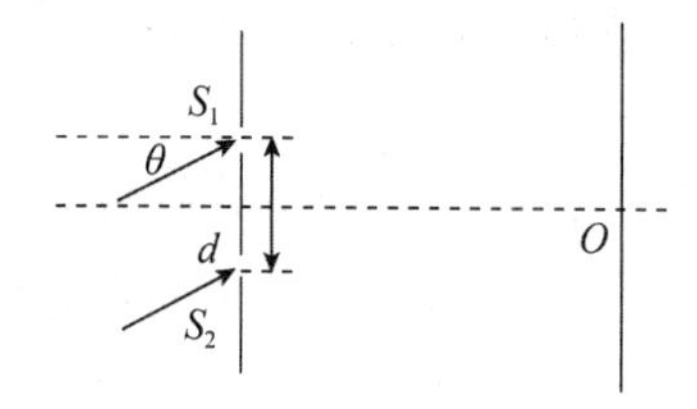

图11-2　题1图

11 － 2　用杨氏双缝干涉实验测某液体的折射率n，光源为单色光，观察到在空气中的第三级明纹处正好是液体中的第四级明纹，则液体的折射率为(　　)。

A)$n = 1.33$　　B)$n = 1.40$

C)$n = 1.50$　　D)$n = 1.60$

11 － 3　在杨氏双缝干涉实验中，单色光源S_0到两缝S_1和S_2的距离分别为l_1和l_2，并且$l_1 - l_2 = 3\lambda$，λ为入射光的波长，双缝之间的距离为d，双缝到屏幕的距离为D，如图11 － 3所示，求：

(1) 零级明纹到屏幕中央O点的距离；

(2) 相邻明条纹间的距离。

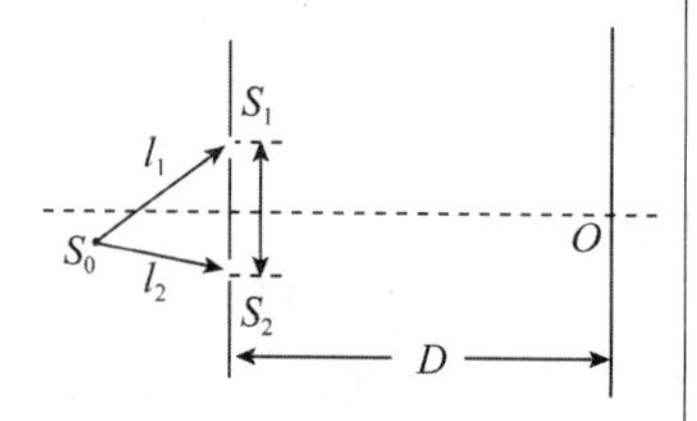

图11-3　题3图

班级：________ 姓名：________ 学号：________ 任课教师：________

11－4　如图11－4所示，假设有两个同相的相干点光源 S_1 和 S_2，发出波长为 λ 的光，A 是它们连线的中垂线上的一点。若在 S_1 与 A 之间插入厚度为 e、折射率为 n 的薄玻璃片，则两光源发出的光在 A 点的相位差 $\Delta\varphi$ = ________。

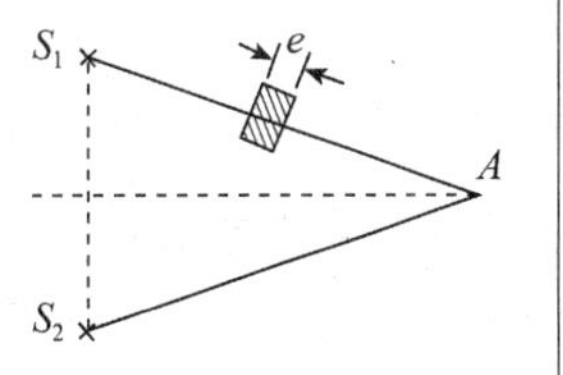

图11-4　题4图

已知 $\lambda = 5.2\times10^{-7}$ m，$n = 1.5$，A 点恰为第四级明纹中心，则 e = ________。

11－5　真空中波长为λ的单色光，在折射率为 n 的均匀透明介质中，从 A 点沿某一路径传播到 B 点，路径的长度为 l。A、B 两点光振动相位差记为 $\Delta\varphi$，则(　　)。

A）当 $l = 3\lambda/2$，有 $\Delta\varphi = 3\pi$

B）当 $l = 3\lambda/(2n)$，有 $\Delta\varphi = 3n\pi$

C）当 $l = 3\lambda/(2n)$，有 $\Delta\varphi = 3\pi$

D）当 $l = 3n\lambda/2$，有 $\Delta\varphi = 3n\pi$

11－6　杨氏双缝干涉实验装置如图11－5所示，双缝与屏之间的距离 $D = 120$ cm，两缝之间的距离 $d = 0.50$ mm，用波长 $\lambda = 5\times10^{-7}$ m的单色光垂直照射双缝。(1) 求原点 O（零级明条纹所在处）上方的第五级明条纹的坐标 x；(2) 如果用厚度 $l = 1.0\times10^{-2}$ mm、折射率 $n = 1.58$ 的透明薄膜覆盖在图中的 S_1 缝后面，求此种情况下第五级明条纹的坐标 x'。

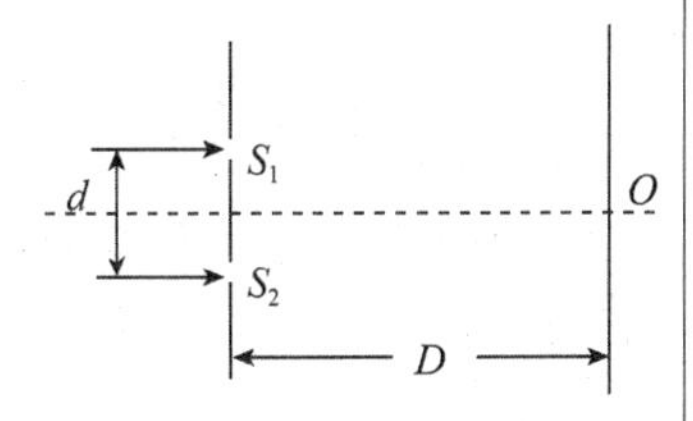

图11－5　题6图

班级：________ 姓名：________ 学号：________ 任课教师：________

授课章节	第十一章 光学 11.3 薄膜干涉；11.4 劈尖 牛顿环 迈克耳孙干涉仪(上)
目的要求	能熟练计算薄膜等厚干涉的明暗条纹位置及形成条件；掌握半波损失的概念
重点难点	几种薄膜干涉；薄膜干涉条纹，半波损失；劈尖干涉

主要内容

学习笔录：

一、薄膜等倾干涉(分振幅法)

1. 薄膜干涉的一般情况(反射光的光程差)

光程差为：$\delta = 2e\sqrt{n_2^2 - n_1^2 \sin^2 i} + \delta'$。

当平行光垂直入射($i=0$)时，$\delta = 2n_2 e + \delta'$($n_2$ 为介质薄膜的折射率)，δ' 是附加光程差，对于反射光的干涉有：若 $n_1 > n_2$，$n_2 < n_3$ 或 $n_1 < n_2$，$n_2 > n_3$，$\delta' = \dfrac{\lambda}{2}$；若 $n_1 > n_2 > n_3$ 或 $n_1 < n_2 < n_3$，$\delta' = 0$。

2. 增透膜与增反膜(看反射光)

反射光干涉加强，则透射光干涉必减弱；反之也成立。

(1) 增反膜有

$$\delta = 2n_2 e + \delta' = k\lambda \quad (k=1, 2, \cdots)$$

(2) 增透膜有

$$\delta = 2n_2 e + \delta' = \left(k + \frac{1}{2}\right)\lambda \quad (k=0, 1, 2, \cdots)$$

上两式中 δ' 是附加光程差，取值需要讨论。

注意：同一膜厚，对某一入射光增透，对其他光则可能增反；同一波长入射光，对不同的膜厚，增透或增反效果不同。

二、薄膜等厚干涉

1. 劈尖干涉(设薄膜折射率为 n)

明纹条件为

$$\delta = 2ne + \frac{\lambda}{2} = k\lambda \quad (k=1, 2, \cdots)$$

暗纹条件

$$\delta = 2ne + \frac{\lambda}{2} = (2k+1)\frac{\lambda}{2} \quad (k=0, 1, 2, \cdots)$$

在棱边处 $e=0$，由于半波损失而形成暗纹。

明纹对应厚度为 $e_k = \left(k - \dfrac{1}{2}\right)\dfrac{\lambda}{2n}$。

班级：________ 姓名：________ 学号：________ 任课教师：________

暗纹对应厚度为 $e'_k = k\dfrac{\lambda}{2n}$。

相邻明(暗)纹的厚度差为：$\Delta e = \Delta e' = \dfrac{\lambda}{2n}$。

相邻明(暗)纹的间距为：$l\sin\theta = \Delta e = \dfrac{\lambda}{2n}$。

应用方面有：根据 $l = \dfrac{\lambda}{2n\sin\theta} \approx \dfrac{\lambda}{2n\theta}$，可以测波长或测折射率等。

例题精解

例题4：如图11－6所示，白光垂直射到空气中一厚度为3.8×10^{-7} m的肥皂水膜(肥皂水的折射率为1.33)上，试问：(1) 水膜正面呈何颜色？(2) 水膜背面呈何颜色？

解：依题意，对于水膜正面，$\delta = 2ne + \dfrac{\lambda}{2}$($i=0$，光有半波损失)。

(1) 因反射加强，故有 $2ne + \dfrac{\lambda}{2} = k\lambda$，$k = 1, 2, \cdots$，于是得

$$\lambda = \frac{2ne}{k-\frac{1}{2}} = \frac{2\times1.33\times3\,800}{k-\frac{1}{2}} = \frac{10.108\times10^{-7}}{k-\frac{1}{2}}$$

$$= \begin{cases} 2.021\,6\times10^{-6}\ \text{m} & (k=1)\\ 6.739\times10^{-7}\ \text{m} & (k=2)\\ 4.043\times10^{-7}\ \text{m} & (k=3)\\ 2.888\times10^{-7}\ \text{m} & (k=4)\end{cases}$$

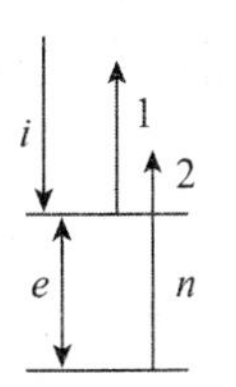

图11-6 例题4图

因为可见光的波长范围为$4\times10^{-7}\sim7.6\times10^{-7}$ m，所以，反射光中$\lambda_2 = 6.739\times10^{-7}$ m和$\lambda_3 = 4.043\times10^{-7}$ m的光得到加强，前者为红光，后者为紫光，即水膜正面呈红色和紫色。

(2) 因为透射最强时，反射最弱，所以有

$$2ne + \frac{\lambda}{2} = (2k+1)\frac{\lambda}{2} \quad (k = 1, 2, \cdots)$$

可得

$$2ne = k\lambda$$

上式即为透射光加强条件，又有

$$\lambda = \frac{2ne}{k} = \frac{10.108\times10^{-7}}{k} = \begin{cases} 1.010\,8\times10^{-6}\ \text{m} & (k=1)\\ 5.054\times10^{-7}\ \text{m} & (k=2)\\ 3.369\times10^{-7}\ \text{m} & (k=3)\end{cases}$$

班级：________ 姓名：________ 学号：________ 任课教师：________

可知，透射光中 $\lambda_2 = 5.054 \times 10^{-7}$ m 的光得到加强，此光为绿光，即水膜背面呈绿色。

例题5：借助于玻璃表面上涂 MgF_2 透明膜可减少玻璃表面的反射。已知 MgF_2 的折射率为1.38，玻璃折射率为1.60。若波长为 5×10^{-7} m 的光从空气中垂直入射到 MgF_2 透明膜上，为了实现反射最小，求 $e_{\min}$。

解：依题意可知 $\delta = 2ne$（膜上下表面均有半波损失）。

当反射最小时有

$$2n_1 e = (2k+1)\frac{\lambda}{2} \quad (k = 0, 1, 2, \cdots)$$

于是得

$$e = \frac{(2k+1)\lambda}{4n}$$

故当 $k = 0$ 时有

$$e_{\min} = \frac{\lambda}{4n} = \frac{5 \times 10^{-7}}{4 \times 1.38} = 9.06 \times 10^{-8}\ \text{m}$$

例题6：有一玻璃劈尖，放在空气中，劈尖夹角 $\theta < 8 \times 10^{-5}$ rad，用波长 $\lambda = 589$ nm 的单色光垂直入射时，测得干涉条纹的宽度为 $l = 2.4$ mm，求玻璃的折射率。

解：由于 $l = \dfrac{\Delta e}{\theta} = \dfrac{\lambda}{2n\theta}$，所以

$$n = \frac{\lambda}{2l\theta} = \frac{589 \times 10^{-9}}{2 \times 2.4 \times 10^{-3} \times 8 \times 10^{-5}} = 1.53$$

课后作业

11-7　如图11-7所示，一平面单色光波垂直照射在厚度均匀的薄油膜，设油膜覆盖在玻璃板上，油的折射率为1.30，玻璃的折射率为1.50，若单色光的波长可由波源连续可调，可观察到 5×10^{-7} m 与 7×10^{-7} m 这两个波长的单色光在反射中消失，则油膜的厚度 $e =$ ________。

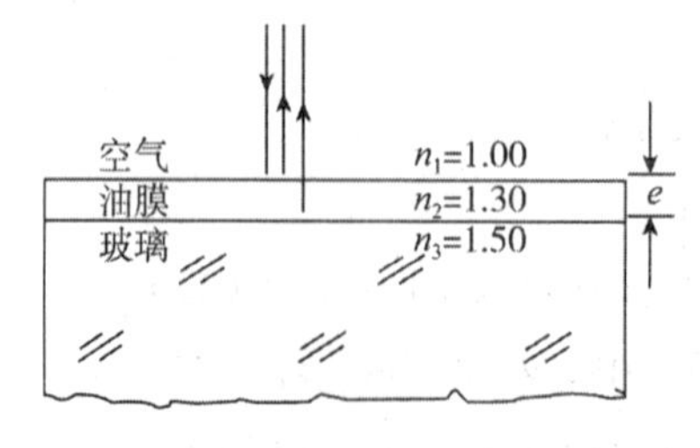

图11-7　题7图

班级：________ 姓名：________ 学号：________ 任课教师：________

11－8　如图11－8所示，折射率为n_2，厚度为e的透明介质薄膜的上方和下方的透明介质的折射率分别为n_1和n_3，已知$n_1 < n_2 < n_3$。若用波长为λ的单色平行光垂直入射到该薄膜上，则从薄膜上、下两表面反射的光束①与②的光程差是(　　)。

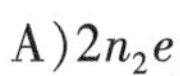

A)$2n_2e$　　B)$2n_2e-\dfrac{\lambda}{2}$

C)$2n_2e-\lambda$　　D)$2n_2e-\dfrac{\lambda}{2n_2}$

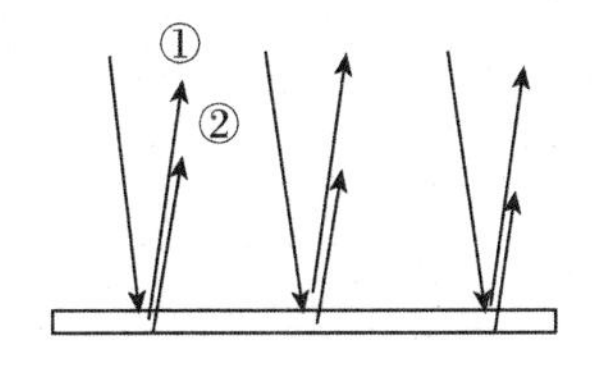

图11-8　题8图

11－9　在玻璃(折射率$n_3=1.60$)表面镀一层MgF_2(折射率$n_2=1.38$)薄膜作为增透膜，为了使波长为5×10^{-7} m的光从空气($n_1=1.00$)正入射时尽可能少反射，MgF_2薄膜的最小厚度是(　　)。

A)1.25×10^{-7} m　　B)1.81×10^{-7} m

C)2.5×10^{-7} m　　D)7.81×10^{-7} m

E)9.06×10^{-8} m

11－10　在空气中有一劈尖形透明物，其劈尖角$\theta=1.0\times10^{-4}$ rad，在波长$\lambda=7\times10^{-7}$ m的单色光垂直照射下，测得两相邻干涉明条纹间距$l=0.25$ cm，此透明材料的折射率$n=$__________。

11－11　如图11－9所示，用波长为500 nm的单色光垂直照射到由两块光学平玻璃构成的空气劈尖上，在观察反射光的干涉现象中，距离劈尖棱边$l=1.56$ cm的A处是从棱边算起的第四条暗条纹中心。

图11-9　题11图

(1)求此空气劈尖的劈尖角θ。

(2)若改用600 nm的单色光垂直照射到此劈尖上仍观察反射光的干涉条纹，A处是明条纹还是暗条纹？

(3)在上一问题的情形下从棱边到A处的范围内共有几条明纹？几条暗纹？

班级：________ 姓名：________ 学号：________ 任课教师：________

11－12　白光垂直照射到空气中一厚度为$e = 3.8\times10^{-7}\ \mathrm{m}$的油膜上，油膜的折射率为$n = 1.30$，在可见光的范围内($3.5\times10^{-7} \sim 7.7\times10^{-7}\ \mathrm{m}$)，哪些波长的光在反射中增强？

班级：________ 姓名：________ 学号：________ 任课教师：________

授课章节	第十一章 光学 11.8 光栅衍射；11.9 光的偏振性 马吕斯定律；11.10 反射光和折射光的偏振
目的要求	掌握光栅衍射公式，掌握缺级问题、重叠问题和最高级次问题；了解获得偏振光的方法以及检验偏振光的方法；掌握马吕斯定律；掌握布儒斯特定律
重点难点	光栅衍射、光栅衍射的光强分布；马吕斯、布儒斯特定律

主要内容

学习笔录：

一、光栅衍射

1. 光栅常数

光栅常数为透光缝和不透光缝距离之和，即 $d = a + b$。

2. 光栅方程

明纹（主极大）条件（正入射时）为

$$d\sin\varphi = \pm k\lambda \quad (k = 0, 1, 2, \cdots)$$

3. 缺级问题

光栅衍射的某一级主极大，恰好出现在单缝衍射的某一级暗纹的位置时，则这一级光栅衍射主极大将不会出现，称为缺级。由光栅方程和单缝衍射暗纹条件可得缺级条件为

$$\frac{a+b}{a} = \frac{k}{k'} = m$$

缺级级次为：$k = mk'$，$k' = 1, 2, \cdots$，即 m 的整数倍级次均为缺级。

4. 最高级次

由于 $|\sin\varphi| \leqslant 1$，$k$ 的取值有一定的范围，故只能看到有限级的衍射条纹，衍射条纹的最高级次为

$$k_m < \frac{a+b}{\lambda}\left|\sin\frac{\pi}{2}\right| = \frac{a+b}{\lambda}$$

当 $\frac{a+b}{\lambda}$ 为整数时，$k_m = \frac{a+b}{\lambda} - 1$；当 $\frac{a+b}{\lambda}$ 为小数时，k_m 为其整数部分。

设屏无限大，此时在屏幕上呈现的全部级次应为：从0开始取，依次是0，± 1，± 2，…，$\pm k_m$。但注意要去掉其中的缺级，才是能呈现的全部级次。

班级：________ 姓名：________ 学号：________ 任课教师：________

5. 重叠问题

在光栅衍射中，当入射光线为白光时，除中央条纹是白色条纹外，其他条纹皆为彩色条纹，在同一级次彩色光谱中，紫光靠近中央，红光远离中央，并且光谱的宽度随级次的增加而增加，在较高级次的光谱中，有一部分要彼此重叠，重叠级次满足下列公式，即

$$(a+b)\sin\varphi = k_1\lambda_1 = k_2\lambda_2 \quad \text{或} \quad \frac{k_1}{k_2} = \frac{\lambda_2}{\lambda_1}$$

注意：满足此关系式的级次均重叠。

二、偏振光

1. 光的偏振性

光是横波，有自然光、线偏振光、部分偏振光等不同的偏振态。

自然光：光矢量具有各个方向的振动，并且各方向振动概率均等的光称为自然光。自然光的光矢量可以用两个相互独立、振幅相等、振动方向互相垂直的分振动来表示，且两个方向光的强度相等，等于自然光强度的一半。

线偏振光：在一定条件下产生的，光矢量只沿一个方向振动的光。

部分偏振光：两个独立方向的光振动不等，其中一个方向较另一方向强的光。

这三种不同偏振态光的几何表示如图 11 - 16 所示。

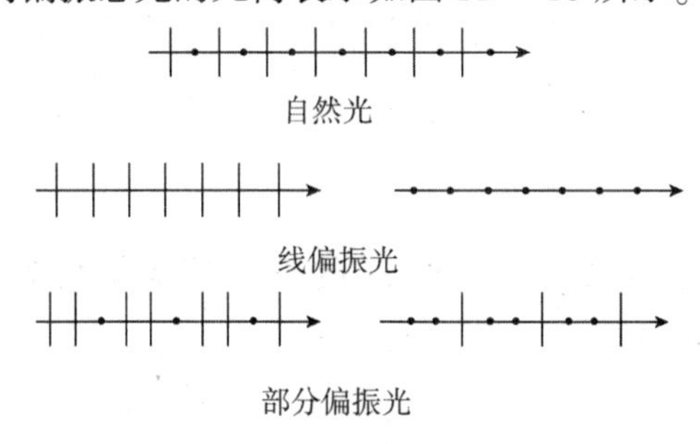

图 11-16 几种不同偏振态光的几何表示

2. 起偏和检偏

(1) 起偏和检偏。从自然光获得线偏振光的过程称为起偏；检验线偏振光的过程称为检偏。

(2) 偏振片及其偏振化方向。偏振片是一种起偏器，它能吸收某一方向的光振动，而让与这个方向垂直的光振动通过，从而获得线偏振光，且线偏振光的振动方向就是这个透光的方向，此方向称为偏振化方向。

光强为 I_0 的自然光入射偏振片时，透射光是光强为 $I = \frac{I_0}{2}$ 的线偏振光。

班级：________ 姓名：________ 学号：________ 任课教师：________

3. 马吕斯定律

马吕斯定律是用来研究线偏振光通过检偏器后出射光光强度变化规律的。光强为 I_1 的线偏振光入射偏振片时，出射光光强为 $I_2 = I_1 \cos^2\alpha$。其中，α 为线偏振光振动方向与偏振片偏振化方向之间的夹角。

用偏振片检偏的几种情况为：若出射光光强不变，则入射光为自然光；若出射光光强改变，但没有消光现象，则入射光为部分偏振光；若出射光光强改变，且有消光现象，则入射光为线偏振光。

4. 布儒斯特定律

布儒斯特定律用来研究自然光在两种介质界面反射和折射时的偏振现象规律的。自然光入射到两种介质的界面上时，反射光和折射光一般是部分偏振光。

布儒斯特定律具体内容为：当入射角 i_0 满足 $\tan i_0 = \dfrac{n_2}{n_1}$ 时（i_0 称为布儒斯特角，n_1 为入射光所在介质的折射率，n_2 为折射光所在介质的折射率），此时折射光与反射光（反射光为光振动垂直入射面的线偏振光）互相垂直，即 $i_0 + \gamma = 90°$。

布儒斯特定律反映的是当入射角为布儒斯特角时，反射光为偏振光，如果想从折射光中获得完全偏振光，则可以用玻璃片堆经多次折射获得。

例题精解

例题11：以氦放电发出的光 E 入射某光栅，若测得 $\lambda_1 = 6.68 \times 10^{-7}$ m 时衍射角为20°，如在同一衍射角下出现更高级次的氦谱线 $\lambda_2 = 4.47 \times 10^{-7}$ m，问光栅常数最小各多少？

解：依题意有

$$\begin{cases}(a+b)\sin 20° = k\lambda_1 \\ (a+b)\sin 20° = (k+n)\lambda_2 \quad (n\text{为正整数})\end{cases}$$

于是得

$$k\lambda_1 = (k+n)\lambda_2$$

即 $k = \dfrac{\lambda_2}{\lambda_1 - \lambda_2}n$。

又因为 $(a+b) \propto k$，而 $k \propto n$，故 $(a+b) \propto n$。

可见，$n=1$ 时，$(a+b) = (a+b)_{\min}$，于是有

$$k = \frac{\lambda_2}{\lambda_1 - \lambda_2} = \frac{4.47\times10^{-7}\ \text{m}}{6.68\times10^{-7}\ \text{m} - 4.47\times10^{-7}\ \text{m}} = 2.02$$

班级：________ 姓名：________ 学号：________ 任课教师：________

取 $k=2$，则

$$a+b=\frac{2\lambda_1}{\sin 20^\circ}=\frac{2\times 6.68\times 10^{-7}\ \text{m}}{\sin 20^\circ}$$
$$=3.906\times 10^{-7}\ \text{m}$$

例题12：复色光 E 入射到光栅上，若其中一种光的第三级主极大和红光($\lambda_R=6\times 10^{-7}$ m) 的第二级主极大相重合，求该光的波长。

解：光栅方程为$(a+b)\sin\varphi=\pm k\lambda$。由题意可得

$$\begin{cases}(a+b)\sin\varphi=\pm 3\lambda_x\\(a+b)\sin\varphi=\pm 2\lambda_R\end{cases}$$

于是有

$$3\lambda_x=2\lambda_R$$

即 $\lambda_x=\frac{2}{3}\lambda_R=\frac{2}{3}\times 6\times 10^{-7}\ \text{m}=4\times 10^{-7}\ \text{m}$。

例题13：偏振片 P_1、P_2 放在一起，一束自然光垂直入射到 P_1 上，试求在下面情况下的 P_1、P_2 偏振化方向夹角。

（1）透过 P_2 后光强为最大透射光强的 $\frac{1}{3}$；

（2）透过 P_2 后光强为入射到 P_1 上光强的 $\frac{1}{3}$。

解：（1）设自然光光强为 I_0，透过 P_1 后光强为 $I_1=\frac{1}{2}I_0$，透过 P_2 后光强为 $I_2=I_1\cos^2\alpha$（马吕斯定律），可见 $I_{2\max}=I_1$。

当 $I_2=\frac{1}{3}I_{2\max}=\frac{1}{3}I_1$ 时，有 $\frac{1}{3}=\cos^2\alpha$

$$\alpha=\arccos\left(\pm\frac{\sqrt{3}}{3}\right)$$

（2）由于 $I_2=I_1\cos^2\alpha=\frac{1}{2}I_0\cos^2\alpha$，故当 $I_2=\frac{1}{3}I_0$ 时，有 $\frac{1}{3}=\frac{1}{2}\cos^2\alpha$

于是得

$$\alpha=\arccos\left(\pm\frac{\sqrt{6}}{3}\right)$$

例题14：如图 11－17 所示，三偏振片平行放置，P_1、P_3 的偏振化方向相互垂直，自然光垂直入射到偏振片 P_1、P_2、P_3 上，试问：

班级：＿＿＿＿　姓名：＿＿＿＿　学号：＿＿＿＿　任课教师：＿＿＿＿

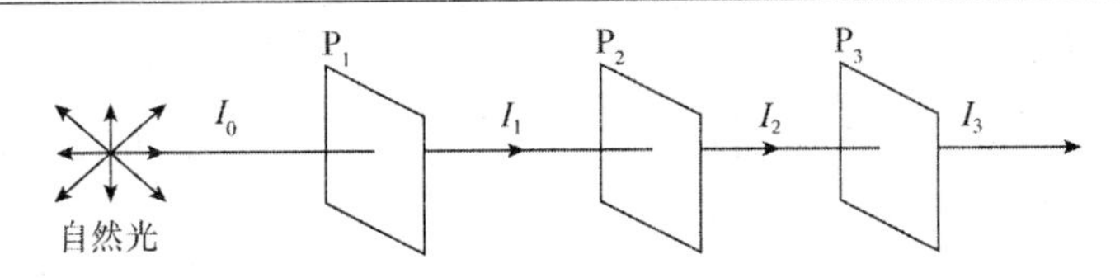

图 11-17　例题 14 图

（1）当透过 P_3 光的光强为入射自然光光强的 $\frac{1}{8}$ 时，P_2 与 P_1 偏振化方向的夹角为多少；（2）当透过 P_3 光的光强为零时，P_2 应如何放置；（3）能否找到 P_2 的合适方位，使最后透射光光强为入射自然光光强的 $\frac{1}{2}$。

解：（1）设 P_1 与 P_2 偏振化方向的夹角为 θ，自然光光强为 I_0，透过 P_1 后光强为 $I_1=\frac{I_0}{2}$，透过 P_2 后光强为 $I_2=I_1\cos^2\theta=\frac{1}{2}I_0\cos^2\theta$，透过 P_3 后光强为 $I_3=I_2\cos^2\left(\frac{\pi}{2}-\theta\right)=I_2\sin^2\theta=\left[\frac{1}{2}I_0\cos^2\theta\right]\sin^2\theta=\frac{1}{8}I_0\sin^2 2\theta$。

当 $I_3=\frac{1}{8}I_0$ 时，$\sin^2 2\theta=1$，于是有 $\theta=45°$。

（2）由于 $I_3=\frac{1}{8}I_0\sin^2 2\theta$，故当 $I_3=0$ 时，$\sin^2 2\theta=0$，于是有 $\theta=0°$ 或 $90°$。

（3）由于 $I_3=\frac{1}{8}I_0\sin^2 2\theta$，故当 $I_3=\frac{1}{2}I_0$ 时，$\sin^2 2\theta=4$，此时 θ 无意义。

所以找不到 P_2 的合适方位，使 $I_3=\frac{1}{2}I_0$。

● **讨论**

由例题 14(1) 中 I_3 的公式可知，$I_{3\max}=\frac{1}{8}I_0$。

例题 15：如图 11－18 所示的 3 种透明介质Ⅰ、Ⅱ、Ⅲ，其折射率分别为 $n_1=1.00$，$n_2=1.43$ 和 n_3，Ⅰ、Ⅱ、Ⅲ 的界面相互平行，一束自然光由介质Ⅰ中入射，若在两个界面上的反射光都是线偏振光，试问：（1）入射角 i 是多大；（2）折射率 n_3 是多大。

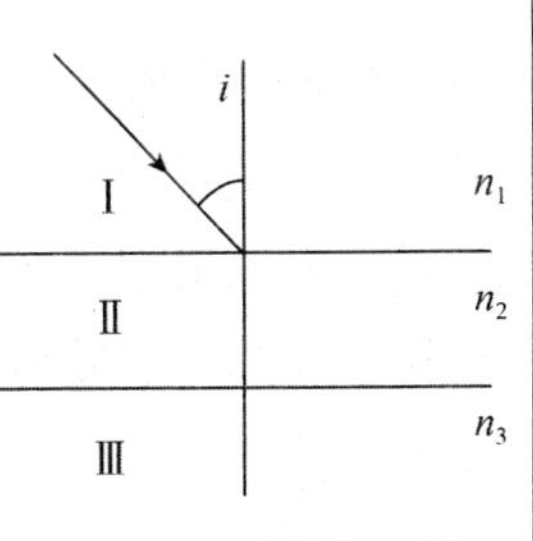

图 11-18　例题 15 图

班级：________ 姓名：________ 学号：________ 任课教师：________

解：(1) 根据布儒斯特定律有

$$\tan i = \frac{n_2}{n_1} = 1.43$$

所以 $i = 55.03°$。

(2) 设在介质 Ⅱ 中的折射率为 γ，则

$$\gamma = \frac{\pi}{2} - i$$

此 γ 的数值等于介质 Ⅱ、Ⅲ 界面上的入射角，由布儒斯特定律有

$$\tan \gamma = \frac{n_3}{n_2}$$

得 $n_3 = n_2 \tan \gamma = n_2 \cot i = n_2 n_1 / n_2 = 1.00$。

课后作业

11－26　在光栅光谱中，假如所有偶数级次的主极大都恰好在单缝衍射的暗纹方向上，因而实际上不出现，那么此光栅每个透光缝宽度 a 和相邻两缝间不透光部分宽度 b 的关系为(　　)。

A) $a = b$　　B) $a = 2b$

C) $a = 3b$　　D) $b = 2a$

11－27　在光栅夫琅禾费衍射装置中，光栅常数为 d，缝宽为 a。当单色平行光垂直入射时，如果 d/a 是整数，则在单缝衍射正、负一级的极小范围内能看到缝间干涉主极大的数目为(　　)。

A) $\frac{d}{2}$　　B) $\frac{2d}{a}$

C) $\frac{2d}{a} + 1$　　D) $2(\frac{d}{a} - 1) + 1$

11－28　用(　　)方法测量单色光的波长最准确。

A) 双缝干涉　　B) 牛顿环

C) 单缝衍射　　D) 光栅衍射

11－29　有一个衍射光栅，每厘米有200条透光缝，每条透光缝宽为 $a = 2 \times 10^{-3}$ cm，在光栅后放一个焦距 $f = 1$ m 的凸透镜，现以 $\lambda = 6 \times 10^{-7}$ m 的单色光垂直照射光栅，求：

(1) 透光缝 a 的单缝衍射中央明条纹宽度；

(2) 在该宽度内，有几个光栅衍射主极大。

班级：________ 姓名：________ 学号：________ 任课教师：________

11－30　波长为 6×10^{-7} m 的单色光垂直入射在一光栅上，第二、三级明条纹分别出现在 $\sin\theta_2=0.2$ 与 $\sin\theta_3=0.3$ 处，第四级缺级。试求：(1) 光栅常数 d；(2) 光栅上狭缝宽度；(3) 屏上实际呈现的全部级数。

11－31　用一束具有两种波长的平行光垂直入射在光栅上，$\lambda_1=6\times10^{-7}$ m，$\lambda_2=4\times10^{-7}$ m，发现距中央明纹5 cm处，波长为 λ_1 光的第 k 级主极大和波长为 λ_2 光的第 $(k+1)$ 级主极大相重合，放置在光栅与屏之间的透镜焦距 $f=50$ cm，试问：(1) 上述 k 为多少；(2) 光栅常数 d 为多少。

11－32　一束光强为 I_0 的自然光垂直穿过两个偏振片，且这两个偏振片的偏振化方向成45°角，若不考虑偏振片的反射和吸收，则穿过两个偏振片后的光强 I 为(　　)。

A) $\dfrac{\sqrt{2}I_0}{4}$　　B) $\dfrac{I_0}{4}$

C) $\dfrac{I_0}{2}$　　D) $\dfrac{\sqrt{2}I_0}{2}$

班级：________ 姓名：________ 学号：________ 任课教师：________

11－33　如图 11－19 所示，i_0 为起偏角，且 $i \neq i_0$，当以不同偏振态的光入射两种介质的分界面时，试画出反射光线和折射光线的偏振状态。

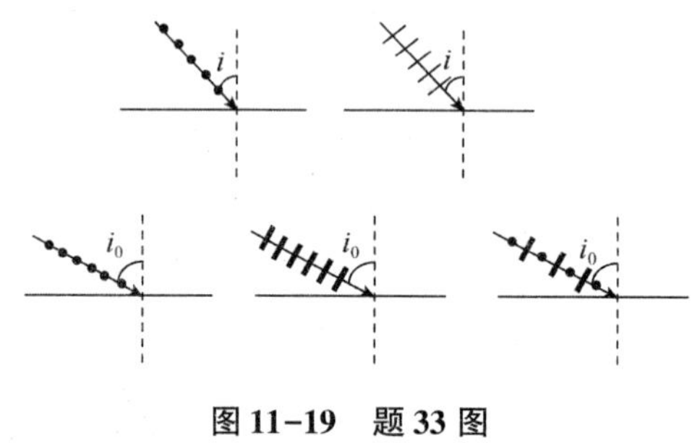

图 11－19　题 33 图

11－34　某种透明介质对于空气的临界角(指全反射)等于 45°，光从空气射向此介质时的布儒斯特角是(　　)。

A)35.3°　　B)40.9°

C)45°　　D)54.5°

E)57.3°

11－35　一束平行的自然光，以 60° 角入射到平玻璃表面上，若反射光束是完全偏振的，则透射光的折射角是__________；玻璃的折射率为__________。

11－36　一束自然光由折射率为 n_1 的介质入射到折射率为 n_2 的介质分界面上，已知反射光为完全偏振光(线偏振光)，则入射角为__________，折射角为__________。

11－37　自然光通过两个偏振化方向成 60° 角的理想偏振片，透射光强为 I_1，如果在这两个偏振片之间插入另一理想的偏振片，它的偏振化方向与前两个偏振片的偏振化方向之间的夹角均为 30°，则透射光强为多少？

微　课

参考答案（甲本）

第七章　恒定磁场

7-1　C)

7-2　$\dfrac{\mu_0 IR^2}{\left[R^2+\left(\dfrac{a}{2}\right)^2\right]^{\frac{3}{2}}}$，方向沿 O_1O_2 连线向右

7-3　C)

7-4　0

7-5　$\dfrac{\mu_0 I}{4\pi l}(3-\sqrt{3})$

7-6　$\dfrac{\mu_0 I}{\pi^2 R}$，方向沿 x 轴的正方向(见电子版答案中的示意图)

7-7　D)

7-8　$\dfrac{\mu_0 I}{4\pi a}$，方向垂直纸面向内

7-9　$\dfrac{\mu_0 I}{4\pi R}$，方向垂直纸面向外

7-10　$\dfrac{\mu_0 vQ}{4\pi L}\left(\dfrac{1}{a}-\dfrac{1}{a+L}\right)$，方向垂直纸面向内

7-11　$\dfrac{\mu_0 \omega Q}{8\pi R}$，方向沿 $O'O$ 连线向上

7-12　$\dfrac{\mu_0 Q\omega}{2\pi(b+a)}$，方向垂直纸面向内

7-23　B)

7-24　C)

7-25　C)

7-26　$\sqrt{2}IBa$

7-27　Z 轴负方向

7-28　负，下

7-29　$F_{AB}=\dfrac{\mu_0 I_1 I_2}{2\pi a}\cdot b\tan\theta$，方向水平向左；$F_{BC}=\dfrac{\mu_0 I_1 I_2}{2\pi\cos\theta}\ln\dfrac{a+b}{a}$，方向与 BC 垂直指

向线框外；$F_{CA}=\dfrac{\mu_0 I_1 I_2}{2\pi}\ln\dfrac{a+b}{a}$，方向竖直向下

7-30　B）

7-31　$\dfrac{1}{2}Ia^2B$，Y 轴正方向

7-32　（1）圆盘的磁矩 $P_{\mathrm{m}}=\dfrac{\omega QR^2}{4}$，方向与 ω 同向（或向上）；（2）$\dfrac{\omega QR^2B\sin\alpha}{4}$，方向与 $\boldsymbol{P}_{\mathrm{m}}\times\boldsymbol{B}$ 同向 。

第八章　电磁感应　电磁场

8-7　B）

8-8　B）

8-9　$-\dfrac{3}{10}\omega BL^2$

8-10　（1）$\dfrac{\mu_0 vI}{2\pi}\ln\dfrac{2(a+b)}{2a+b}$；（2）$C$、$D$ 两点中 D 点电势较高

8-11　（1）$\varepsilon=2.78\times10^{-4}$ V；（2）A、B 两点中 B 点电势较高

8-12　（1）$\varepsilon_{\mathrm{i1}}=100\pi\times0.04^2=0.50\mathrm{V}$，$E_p=-\dfrac{r}{2}\dfrac{\mathrm{d}B}{\mathrm{d}t}=-1\ \mathrm{N/C}$；（2）$\varepsilon_{\mathrm{i2}}=\dfrac{\mathrm{d}B}{\mathrm{d}t}\left(\dfrac{1}{2}R^2\theta-\dfrac{1}{2}\overline{ab}\cdot h\right)=\left(\dfrac{100\pi}{6}-4\sqrt{3}\right)\times10^{-2}$ V，感应电流方向为沿顺时针方向。

第十一章　光学

11-1　$\dfrac{2\pi d\sin\theta}{\lambda}$

11-2　A）

11-3　（1）$\dfrac{3D\lambda}{d}$；（2）$\dfrac{D\lambda}{d}$；

11-4　$2\pi e(n-1)/\lambda$，4.16×10^{-4} cm

11-5　C）

11-6　（1）$x=6.0$ mm；（2）$x'=19.9$ mm

11-7　6.73×10^{-7} m

11-8　A）

11-9　E）

11-10　1.4

11-11　（1）$\theta=4.8\times10^{-5}$ rad；（2）A 点为第三级明纹；（3）三条明纹，三条暗纹

11-12　$\lambda_2=6.587\times10^{-7}$ m，$\lambda_3=3.952\times10^{-7}$ m

11-26　A）

11-27　D）

11-28　D）

11-29　（1）6 cm；（2）5 个

11-30　（1）$d=6.0\times10^{-6}$ m；（2）1.5×10^{-6} m；（3）0，±1，±2，±3，±5，±6，±7，±9

11-31　（1）$k=2$；（2）$d=1.2\times10^{-3}$ cm

11-32　B）

11-33　略

11-34　D）

11-35　$\frac{\pi}{6}$，1.73

11-36　$\arctan\frac{n_2}{n_1}$，$\arctan\frac{n_1}{n_2}$

11-37　$\frac{9}{4}I_1$

大学物理（下册）导学教程

（乙本）

学　　号：________________
姓　　名：________________
班　　级：________________
授课教师：________________

班级：________ 姓名：________ 学号：________ 任课教师：________

授课章节	第七章 恒定磁场 7.5 磁通量 磁场的高斯定理；7.6 安培环路定理(上)
目的要求	掌握磁通量的定义；掌握安培环路定理
重点难点	磁通量的计算；安培环路定理

主要内容

学习笔录：

一、稳恒磁场的高斯定理

磁通量定义：通过某一面的磁力线数称为通过该面的磁通量，用 Φ_m 表示。

磁通量的计算分为以下两种。

1. $\boldsymbol{B}$ 均匀且 S 为平面

(1) 平面 S 与 $\boldsymbol{B}$ 垂直，如图 7 - 19(a) 所示，可得

$$\Phi_m = BS$$

(2) 平面 S 与 $\boldsymbol{B}$ 成夹角 θ，如图 7 - 19(a) 所示，可得

$$\Phi_m = BS_{\perp} = BS\cos\theta = \boldsymbol{B}\cdot\boldsymbol{S}$$

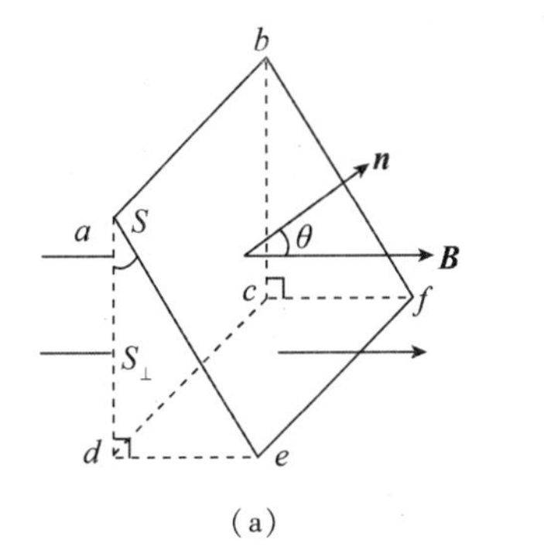

(a)

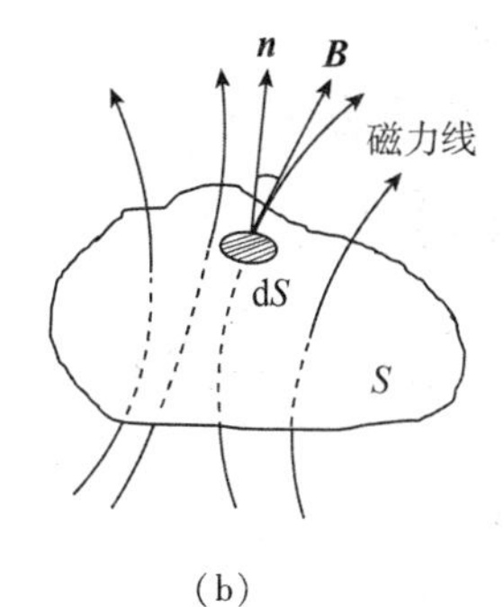

(b)

图 7 - 19 磁通量的计算

(a)$\boldsymbol{B}$ 均匀且 S 为平面；(b)$\boldsymbol{B}$ 任意或 S 为曲面

2. $\boldsymbol{B}$ 任意或 S 为曲面

(1) 对于非闭合曲面，在曲面上任选面元，如图 7 - 19(b) 所示，对穿过面元的磁通量求和，即

$$\Phi_m = \int \mathrm{d}\Phi_m = \int_S \boldsymbol{B}\cdot\mathrm{d}\boldsymbol{S}$$

(2) 对于闭合曲面，因为磁力线是闭合的，所以穿入闭合面和穿出闭合面的磁力线条数相等，故 $\Phi_m = 0$，即

$$\oint_S \boldsymbol{B}\cdot\mathrm{d}\boldsymbol{S} = 0 \quad (\text{磁场中高斯定理})$$

班级：________ 姓名：________ 学号：________ 任课教师：________

二、安培环路定理

安培环路定理的内容为：$\boldsymbol{B}$ 沿一个回路 l 的积分等于此回路内包围电流代数和的 μ_0 倍，即

$$\oint_l \boldsymbol{B} \cdot \mathrm{d}\boldsymbol{l} = \mu_0 \sum_i I_{i,\text{内}}$$

关于安培环路定理的说明如下。

（1）安培环路定理说明磁场是非保守场（涡旋场），不能引入势能的概念，且磁场的环流仅与 l 内电流有关，而与 l 外电流无关；$\boldsymbol{B}$ 是 l 内外所有电流产生的共同结果。

（2）闭合回路包围的电流是指穿过以闭合回路为边界的任一曲面的电流，该定律在电磁理论中很重要。

（3）电流正负的规定：若电流的流向与积分回路的绕向满足右手螺旋关系，电流取正值；反之取负值。

与运用高斯定理求磁感应强度一样，并不能由安培环路定理求出任何情况下的磁感应强度，能够计算出 $\boldsymbol{B}$ 的要求是磁场满足它的对称性，在具有一定对称性的条件下，适当选取积分回路，才能计算出 $\boldsymbol{B}$ 的值。

运用安培环路定理时的计算步骤如下：

（1）分析磁场的对称性；

（2）适当选取闭合回路（含方向）；

（3）求出 $\oint_l \boldsymbol{B} \cdot \mathrm{d}\boldsymbol{l}$ 和 $\mu_0 \sum_i I_{\mathrm{i},\text{内}}$；

（4）利用 $\oint_l \boldsymbol{B} \cdot \mathrm{d}\boldsymbol{l} = \mu_0 \sum_i I_{\mathrm{i},\text{内}}$，求出 $\boldsymbol{B}$。

例题精解

例题7：有一无限长均匀载流直导体，半径为 R，通过导体的电流为 I 且均匀分布，求导体内外磁场分布。

解：由题意知，由于导体无限长且电流均匀分布，故磁场是关于导体轴线对称的，磁力线是以此轴上点为圆心的一系列同心圆环，在某一个圆周上 $\boldsymbol{B}$ 的大小是相同的，方向与电流构成右手螺旋关系，如图 7－20（a）所示。

（1）导体外 P 处（$r > R$）磁场分布。

以轴线上某点为圆心，以 P 点到轴线的距离 r_P 为半径作闭合圆环，圆环方向与电流构成右手螺旋关系，半径为 r_P 的圆环环流为

$$\oint_l \boldsymbol{B} \cdot \mathrm{d}\boldsymbol{l} = B2\pi r_P$$

班级：__________ 姓名：__________ 学号：__________ 任课教师：__________

安培环路定理为

$$\oint_l \boldsymbol{B} \cdot \mathrm{d}\boldsymbol{l} = \mu_0 I$$

则 $B_P = \dfrac{\mu_0 I}{2\pi r_P}$。

(2) 导体内 Q 处($r < R$) 磁场分布。

由安培环路定理得

$$\oint_l \boldsymbol{B} \cdot \mathrm{d}\boldsymbol{l} = B2\pi r_Q = \mu_0 \frac{I\pi r_Q^{\ 2}}{\pi R^2}$$

即 $B_Q = \dfrac{\mu_0 I}{2\pi R^2} r_Q$。

在圆柱形载流导线内部，磁感应强度和离开轴线的距离 r 成正比。则导体内外磁场的分布如图 7－20(b) 所示。

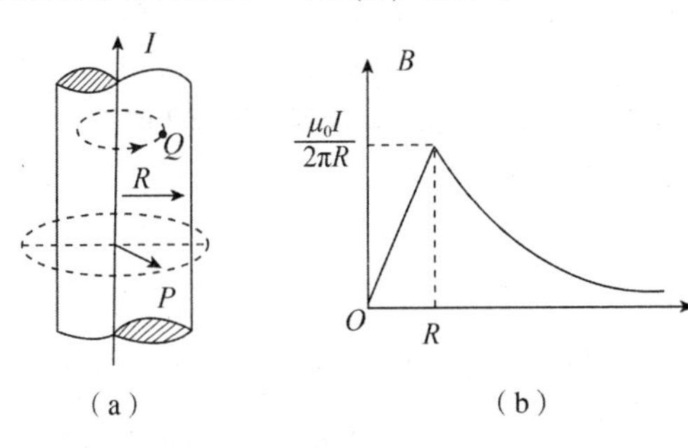

图 7－20　例题 7 图

注意：当导体为均匀载流圆筒时，则筒内任一点的磁感应强度为零，但筒外磁场仍与上题中导体外磁感应强度表达形式一致。

例题 8：电流 I 均匀地流过半径 R 的圆柱形长直导线，试计算单位长度导线内磁场通过如图 7－21 所示剖面的磁通量。

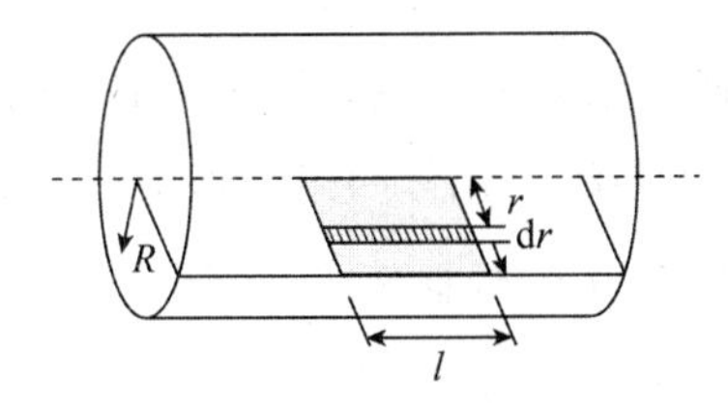

图 7－21　例题 8 图

解：根据安培环路定理，算得导线内部距轴线 r 处的磁感应强度为

$$B(r) = \frac{\mu_0 I r}{2\pi R^2}$$

班级：________ 姓名：________ 学号：________ 任课教师：________

在剖面上磁感应强度分布不均匀，因此需从磁通量定义 $\Phi = \int \boldsymbol{B}(r) \cdot \mathrm{d}\boldsymbol{S}$ 来求解，沿轴线方向在剖面上取面元 $\mathrm{d}S = l\mathrm{d}r$，考虑到面元上各点 $\boldsymbol{B}$ 相同，通过积分，可得单位长度导线内磁场通过剖面的磁通量为

$$\Phi = \int \boldsymbol{B}(r) \cdot \mathrm{d}\boldsymbol{S} = \int_0^R \frac{\mu_0 I r}{2\pi R^2}\mathrm{d}r = \frac{\mu_0 I}{4\pi}$$

例题 9：有一无限长直导线，通以电流 I，还有一个与之共面的直角三角形线圈 ABC，已知 AC 边长为 b，且与长直导线平行，BC 边长为 a，B 点距直导线的距离为 d，求穿过线圈 ABC 的磁通量。

解：建立如图 7－22 所示的直角坐标系，AB 导线的方程为

$$y = \frac{b}{a}x - \frac{b}{a}d$$

而任意时刻 $\triangle ABC$ 中的磁通量为

$$\Phi = \int_d^{d+a} \frac{\mu_0 I}{2\pi x} \cdot y\mathrm{d}x = \frac{\mu_0 I}{2\pi}\left(b - \frac{b}{a}d\ln\frac{d+a}{d}\right)$$

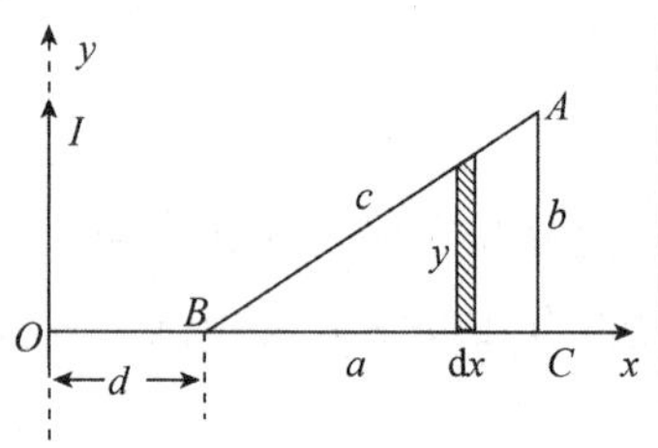

图 7－22　例题 9 图

课后作业

7－13　均匀磁场 $\boldsymbol{B}$ 与半径为 r 的圆形平面法线 $\boldsymbol{n}$ 的夹角为 α（如图 7－23 所示），现以圆周为边线作一半球面 S，S 与圆形平面组成封闭曲面。则通过 S 的磁通量为(　　)。

A) $\pi r^2 B$

B) $2\pi r^2 B$

C) $-\pi r^2 B\sin\alpha$

D) $-\pi r^2 B\cos\alpha$

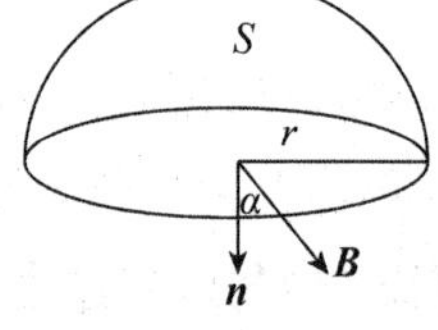

图 7－23　题 13 图

7－14　取一闭合积分回路 L，使三根载流导线穿过它所围成的面。现在改变三根导线之间的相互间隔，但不越出积分回路，则（　　）。

A) 回路 L 内的 $\sum I$ 不变，L 上各点的 $\boldsymbol{B}$ 不变

B) 回路 L 内的 $\sum I$ 不变，L 上各点的 $\boldsymbol{B}$ 改变

C) 回路 L 内的 $\sum I$ 改变，L 上各点的 $\boldsymbol{B}$ 不变

D) 回路 L 内的 $\sum I$ 改变，L 上各点的 $\boldsymbol{B}$ 改变

班级：________ 姓名：________ 学号：________ 任课教师：________

7 - 15　如图 7 - 24 所示，两矩形面积分别为 S_1、S_2，与长直载流导线共面，则通过 S_1 和 S_2 面的磁通量之比为__________。

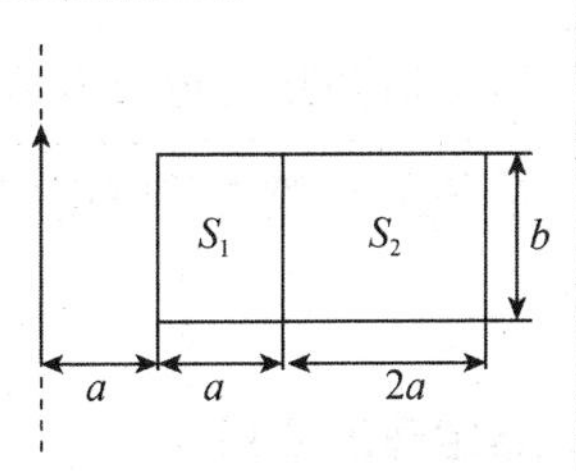

图 7-24　题 15 图

7 - 16　如图 7 - 25 所示，两个半径分别为 R_1、R_2 的长直同轴金属圆柱面，通以大小相等方向相反的电流 I，则两圆柱面间 $\boldsymbol{B}$ 的大小等于__________，通过阴影部分的磁通量为__________。

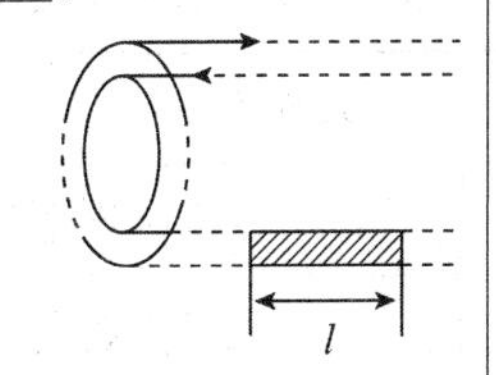

图 7-25　题 16 图

7 - 17　已知一匀强磁场，其磁感应强度 $B = 2.0$ T，方向沿 x 轴正方向，如图 7 - 26 所示，试求：

（1）通过图中 $abOc$ 面的磁通量 Φ_{abOc}；

（2）通过图中 $bedO$ 面的磁通量 Φ_{bedO}；

（3）通过图中 $acde$ 面的磁通量 Φ_{acde}。

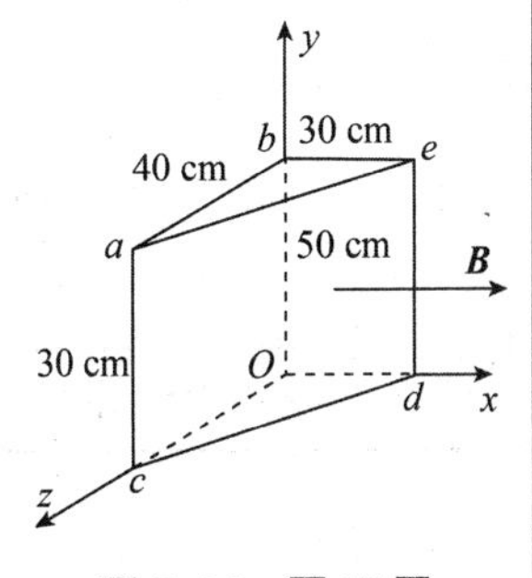

图 7-26　题 17 图

班级：________ 姓名：________ 学号：________ 任课教师：________

授课章节	第七章　恒定磁场 7.6　安培环路定理(下)
目的要求	掌握安培环路定理及其应用
重点难点	安培环路定理及其应用(三种典型题)

主要内容

学习笔录：

一、安培环路定理的应用

能够运用安培环路定理求磁场的题型为：

(1) 关于无限长载流直导线、平面、圆柱面及其组合磁场的题型；

(2) 关于长直螺线管和螺绕环磁场的题型；

(3) 关于无限大载流平面、厚板及其组合磁场的题型。

应用安培环路定理解题的各题型载流体特点及安培环路类型见表7－1。

表7－1　各题型载流体特点及安培环路类型

载流体特点		安培环路类型
轴对称	无限长载流直导线	过场点的同心圆环
	无限长载流圆柱面	
	无限长载流圆柱体	
螺线管	无限长直螺线管	平行于轴线的矩形，一条边在螺线管内，对边在螺线管外侧附近
	螺绕环	过场点的同心圆环
无限大载流平面	无限大载流平面	垂直放置的矩形，两条边与平面(厚板)垂直，两条边与平面(厚板)平行
	无限大载流厚板	

例题精解

例题10：一导体组由无限多根平行密排的导线组成，已知单位长度上有 n 根导线，且每根导线都无限长，并载有电流 I，求空间任一点 P 的磁感应强度。(可等效为无限大均匀载流平面，电流线密度为 nI。)

班级：________ 姓名：________ 学号：________ 任课教师：________

解：利用磁场的叠加原理求 $\boldsymbol{B}$（方法一）。

因导线系平行密排，故取宽度为 $\mathrm{d}x$ 的窄条为积分元，积分元上流过电流 $\mathrm{d}I = I\cdot n\mathrm{d}x$，它在 P 点的磁感应强度 $\mathrm{d}B=\dfrac{\mu_0\mathrm{d}I}{2\pi r}=\dfrac{\mu_0 nI\mathrm{d}x}{2\pi r}$，$\mathrm{d}\boldsymbol{B}$ 的方向如图 7 - 27 所示，$\mathrm{d}\boldsymbol{B}$ 在平行于导体组平面上的分量为

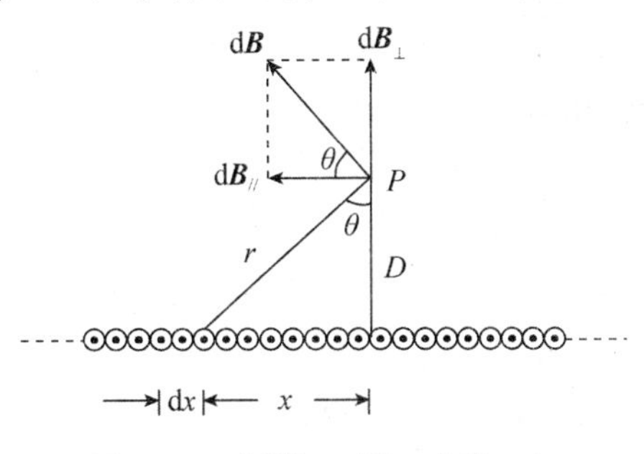

图 7-27　例题 10 图（方法一）

$$\mathrm{d}B_{//}=\mathrm{d}B\cos\theta=\frac{\mu_0 nI\mathrm{d}x}{2\pi r}\cos\theta$$

在垂直于导体组平面上的分量为

$$\mathrm{d}B_{\perp}=\mathrm{d}B\sin\theta=\frac{\mu_0 nI\mathrm{d}x}{2\pi r}\sin\theta$$

由几何关系知，$r\cos\theta = D$，$D\tan\theta = x$，于是 $\mathrm{d}x = D\sec^2\theta\mathrm{d}\theta$。将这些关系代入上面两式，并积分得

$$B_{//}=\int\mathrm{d}B_{//}=\frac{\mu_0 nI}{2\pi}\int_{-\pi/2}^{\pi/2}\mathrm{d}\theta=\frac{\mu_0 nI}{2}$$

$$B_{\perp}=\int\mathrm{d}B_{\perp}=\frac{\mu_0 nI}{2\pi}\int_{-\pi/2}^{\pi/2}\tan\theta\mathrm{d}\theta=0$$

故

$$B=B_{//}=\frac{1}{2}\mu_0 nI$$

如 P 点在导体组上方，则 $\boldsymbol{B}$ 的方向水平向左；如 P 点在导体组下方，则 $\boldsymbol{B}$ 的方向水平向右。两种情况下 $\boldsymbol{B}$ 的方向都与电流方向垂直。

利用安培环路定理求 $\boldsymbol{B}$（方法二）。

根据无限长载流直导线的磁场分布和磁场的叠加原理，可知平行密排的载流长直导体激发均匀磁场，磁力线平行于导体组平面。

取如图 7 - 28 所示的矩形环路 $abcda$，则磁场强度的环流为

$$\oint_l\boldsymbol{B}\cdot\mathrm{d}\boldsymbol{l}=\int_{ab}\boldsymbol{B}\cdot\mathrm{d}\boldsymbol{l}+\int_{bc}\boldsymbol{B}\cdot\mathrm{d}\boldsymbol{l}+\int_{cd}\boldsymbol{B}\cdot\mathrm{d}\boldsymbol{l}+\int_{da}\boldsymbol{B}\cdot\mathrm{d}\boldsymbol{l}$$
$$=B\overline{ab}+0+B\overline{cd}+0=2Bl$$

班级：________ 姓名：________ 学号：________ 任课教师：________

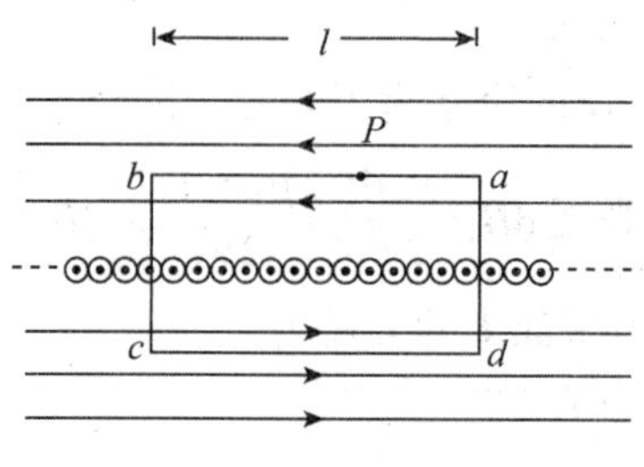

图 7-28　例题 10 图（方法二）

环路内包围的电流为

$$\sum I = I \cdot nl$$

由安培环路定理得

$$2Bl = \mu_0 nIl$$

得 P 点处的磁感应强度为

$$B = \frac{1}{2}\mu_0 nI$$

以上两种方法的结果相同，显然方法二比方法一要简便得多。应注意，只有磁场分布具有某种对称性时，用安培环路定理求解磁场才是方便的，但是能用安培环路定理求解磁场的问题并不多。

课后作业

7-18　无限长载流直导线产生磁场的公式为 $B=\mu_0 I/(2\pi r)$，以下说法正确的是(　　)。

A) 此公式中只要求导线为直导线

B) 此公式中只要求导线为无限长，且截面必须为圆形

C) 当 $r=0$ 时，此公式不适用，因为此时磁感应强度 B 为无限大

D) 当 $r=0$ 时，此公式不适用，因为此时场点到导线的距离不是远大于导线的截面尺寸，导线不能看成无限细

7-19　无限长载流空心圆柱体的内外半径分别为 a、b，电流在导体截面上均匀分布，则下列图中正确表示空间各处 $\boldsymbol{B}$ 的大小与场点到圆柱中心轴线距离 r 定性关系的是(　　)。

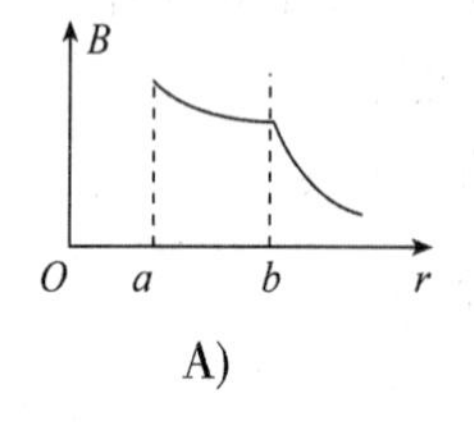

A)

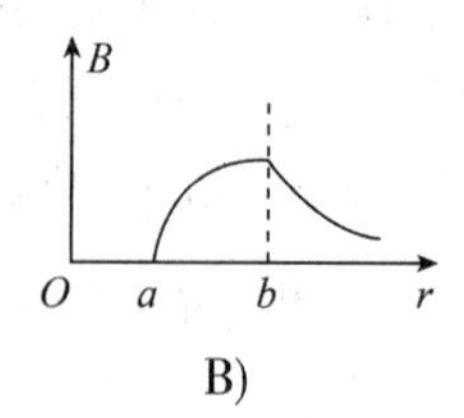

B)

班级：________ 姓名：________ 学号：________ 任课教师：________

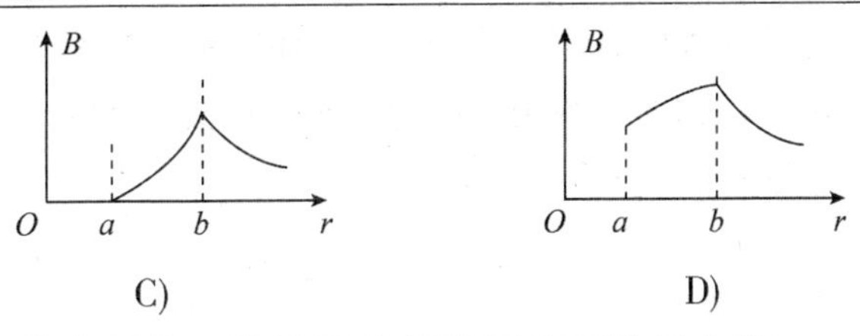

7－20　将半径为R的无限长载流圆柱面沿轴向割去一宽为h（$h\ll R$）的无限长狭缝后，再沿轴向均匀通以电流，电流面密度为i（如图7－29所示），则轴线上任一点$\boldsymbol{B}$的大小为________。

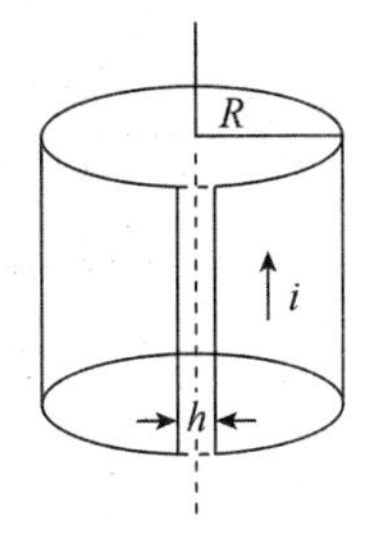

图7-29　题20图

7－21　如图7－30所示是一根外半径为R_1的无限长圆柱形导体管的横截面，管内空心部分的半径为R_2，空心部分的轴与圆柱的轴相平行但不重合，两轴间的距离为a，且$a>R_2$，现有电流I沿导体管流动，电流均匀分布在管的横截面上，电流方向与管的轴线平行，求：（1）圆柱轴线上的磁感应强度大小B_1；（2）空心部分轴线上的磁感应强度大小B_2。

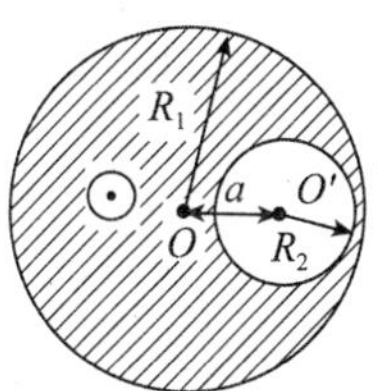

图7-30　题21图

班级：________ 姓名：________ 学号：________ 任课教师：________

7－22　一矩形截面的空心环形螺线管，尺寸如图7－31所示，其上缠有 N 匝线圈，通以电流 I。试求：(1) 管内距轴线为 r 处的磁感应强度 $\boldsymbol{B}$；(2) 通过螺线管截面的磁通量 $\boldsymbol{\Phi}$。

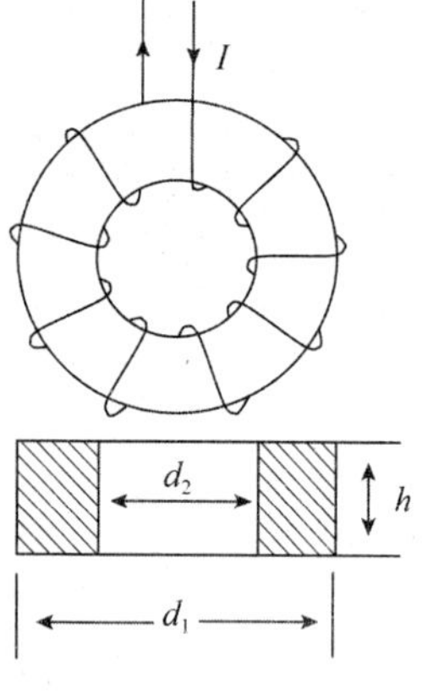

图 7-31　题 22 图

班级：________ 姓名：________ 学号：________ 任课教师：________

授课章节	第七章　恒定磁场 7.9 磁场中的磁介质
目的要求	了解磁介质的分类及磁化机理；掌握有磁介质时的安培环路定理；掌握磁场强度
重点难点	有磁介质时的安培环路定理的应用

主要内容　　　　**学习笔录：**

一、磁介质

1. 磁介质

在磁场的作用下，能发生变化，并能反过来影响原磁场的物质。

2. 磁介质的磁化

磁介质在磁场的作用下所发生的变化，称为磁介质的磁化，其结果是产生了附加磁场。若真空中某点的磁感应强度为 $\boldsymbol{B}_0$，磁介质磁化而产生的附加磁感应强度为 $\boldsymbol{B}'$，磁介质中磁感应强度为 $\boldsymbol{B}$，则 $\boldsymbol{B}=\boldsymbol{B}_0+\boldsymbol{B}'$，$\boldsymbol{B}$ 的方向随磁介质的不同而不同。

3. 磁介质的分类

(1) 顺磁质：$\boldsymbol{B}'$ 与 $\boldsymbol{B}_0$ 同向，$B>B_0$，如氧、铝、钨、铂、铬等。

(2) 抗磁质：$\boldsymbol{B}'$ 与 $\boldsymbol{B}_0$ 反向，$B<B_0$，如氮、水、铜、银、金、铋等。

(3) 铁磁质：$\boldsymbol{B}'$ 与 $\boldsymbol{B}_0$ 同向，$B\gg B_0$，如铁、钴、镍及其合金、铁氧体等。

二、有磁介质时的安培环路定理

1. 定理内容

定理内容为：磁场强度沿任何闭合回路的线积分等于通过该回路所包围的电流代数和。即 $\oint_l \boldsymbol{H}\cdot \mathrm{d}\boldsymbol{l}=\sum I_{\mathrm{i,c}}$，式中 $\sum I_{\mathrm{i,c}}$ 为传导电流的代数和。

2. 磁场强度

磁场强度 $\boldsymbol{H}=\dfrac{\boldsymbol{B}}{\mu_0\mu_{\mathrm{r}}}$，磁场强度 $\boldsymbol{H}$ 是表示磁场强弱与方向的物理量，是一个辅助量。引进辅助量 $\boldsymbol{H}$ 的物理意义有两点：磁场强度 $\boldsymbol{H}$ 的环流为 $\oint_l \boldsymbol{H}\cdot \mathrm{d}\boldsymbol{l}=\sum I_{\mathrm{i,c}}$(与磁介质无关)；而磁感应强度 $\boldsymbol{B}$ 的环流为 $\oint_l \boldsymbol{B}\cdot \mathrm{d}\boldsymbol{l}=\mu_0\mu_{\mathrm{r}}\sum I_{\mathrm{i,c}}$(与磁介质有关)。

班级：________ 姓名：________ 学号：________ 任课教师：________

3. 应用

计算有磁介质存在时的磁感应强度 $\boldsymbol{B}$，可以求出磁场强度 $\boldsymbol{H}$ 后，再由 $\boldsymbol{H}$ 求磁感应强度 $\boldsymbol{B}$；只有在电流分布有一定对称性时，才能方便地由安培环路定理求出磁感应强度。

三、铁磁质

铁磁质是一类性能特殊、用途广泛的磁介质，与弱磁质相比，有如下特性：

(1) 在外磁场作用下能产生很强的磁感应强度；

(2) 当外磁场停止作用时，仍能保持其磁化状态；

(3) 磁感应强度与磁场强度之间不是简单的线性关系；

(4) 铁磁质都有一临界温度，在此温度之上，铁磁性完全消失而成为顺磁质，这一温度称为居里温度或居里点。

例题精解

例题17： 螺绕环的中心周长为10 cm，其上均匀密绕有200匝线圈，线圈中通过的电流为0.1 A，环内充满相对磁导率为4 200的磁介质，求：(1) 螺绕环内部的磁场强度 $\boldsymbol{H}$ 和磁感应强度 $\boldsymbol{B}$ 的大小；(2) 传导电流和磁化电流在螺绕环内产生的磁感应强度分别是多大？

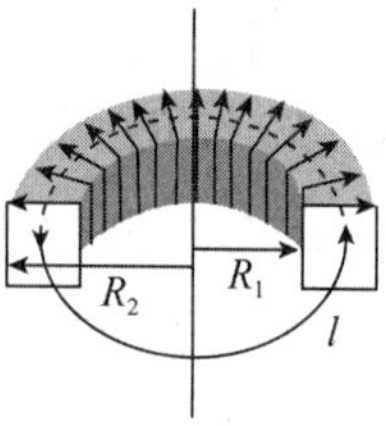

解： (1) 由于磁场呈轴对称分布，故在螺绕环的中心周线上各场点的磁场强度大小相等，方向沿周线的切向(如图7-46所示)。以螺绕环中心周线为回路，应用安培环路定理，有

图7-46　例题17图

$$\oint_l \boldsymbol{H}\cdot \mathrm{d}\boldsymbol{l} = H2\pi r_{平均} = \sum_i I_{0i} = NI$$

式中，$2\pi r_{平均} = l_{平均}$，为螺绕环的中心周长，故螺绕环内部的磁场强度大小为

$$H = \frac{NI}{2\pi r_{平均}} = \frac{200\times 0.1\ \text{A}}{10\times 10^{-2}\ \text{m}} = 200\ \text{A/m}$$

而由 $\boldsymbol{B}$ 与 $\boldsymbol{H}$ 的关系，得环内磁感应强度大小为

$$B = \mu_0\mu_r H = 4\pi\times 10^{-7}\ \text{T}\cdot\text{m}\cdot\text{A}^{-1}\times 4200\times 200\ \text{A/m} = 1.05\ \text{T}$$

(2) 介质沿环向磁化，磁化电流的分布也相当于均匀密绕在环上的通电线圈，(1) 中所计算的磁场为传导电流和磁化电流二者的磁场叠加而成，即 $\boldsymbol{B} = \boldsymbol{B}_0 + \boldsymbol{B}'$。由真空中的安培环路定理，得传导电流产生的磁感应强度为

$$B_0 = \frac{\mu_0 NI}{l_{平均}} = \frac{4\pi\times 10^{-7}\ \text{T}\cdot\text{m}\cdot\text{A}^{-1}\times 200\times 0.1\ \text{A}}{10\times 10^{-2}\ \text{m}} = 2.5\times 10^{-4}\ \text{T}$$

班级：________ 姓名：________ 学号：________ 任课教师：________

而由于$\mu_r \gg 1$，$\boldsymbol{B}'$与$\boldsymbol{B}_0$同向，故磁化电流产生的磁感应强度大小为

$$B' = B - B_0 \approx B = 1.05\ \text{T}$$

课后作业

7－33　用相对磁导率μ_r表征磁介质的特性时，下列正确的是(　　)。

A) 顺磁质$\mu_r > 0$，抗磁质$\mu_r < 0$，铁磁质$\mu_r \gg 1$

B) 顺磁质$\mu_r > 1$，抗磁质$\mu_r = 1$，铁磁质$\mu_r \gg 1$

C) 顺磁质$\mu_r > 1$，抗磁质$\mu_r < 1$，铁磁质$\mu_r \gg 1$

D) 顺磁质$\mu_r > 0$，抗磁质$\mu_r < 0$，铁磁质$\mu_r > 1$

7－34　如图7－47所示为两种铁磁材料的磁滞回线，其中________表示硬磁材料，特点是________；________表示软磁材料，特点是________。________适合制造永久磁铁，__________适合制造变压器铁芯。

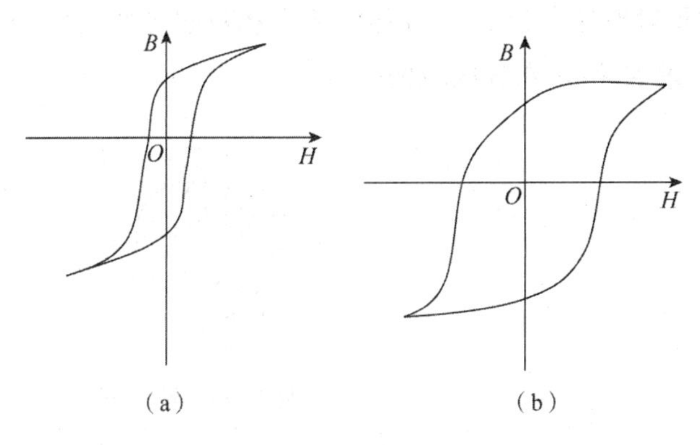

图7-47　题34图

7－35　如图7－48所示，3条曲线分别表示3种不同磁介质的$B-H$关系，虚线为$B=\mu_0 H$的关系曲线，则__________表示顺磁质，__________表示抗磁质，__________表示铁磁质。

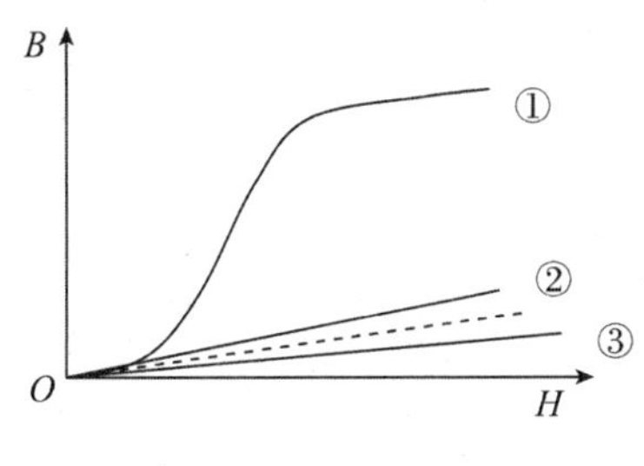

图7-48　题35图

班级：________ 姓名：________ 学号：________ 任课教师：________

7－36　无限长圆柱形导线外包一层相对磁导率为 μ_r 的圆筒形磁介质，导线半径为 R_1，介质圆筒外半径为 R_2，导线内通以电流 I（在截面上均匀分布）。试求下列区域内的磁场强度和磁感应强度分布：(1) $r < R_1$；(2) $R_1 < r < R_2$；(3) $r > R_2$。

7－37　如图7－49所示，同轴电缆内层是半径为 R_1 的导体圆柱，外层是半径为 R_2 和 R_3 的导体圆筒，两导体内的电流 I 等值反向，均匀分布在横截面上，导体的相对磁导率为 μ_{r1}，导体间充满相对磁导率为 μ_{r2} 的不导电均匀磁介质，求 $\boldsymbol{H}$ 和 $\boldsymbol{B}$ 在各区域的分布。

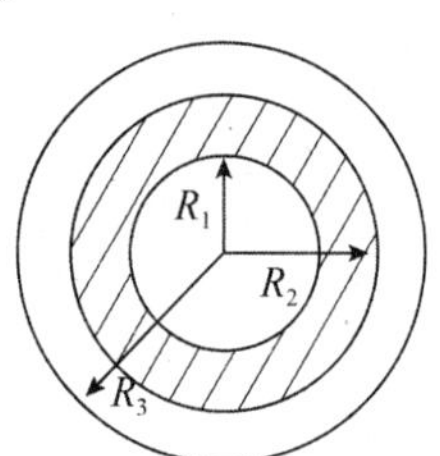

图7-49　题37图

微　课

班级：________ 姓名：________ 学号：________ 任课教师：________

授课章节	第八章　电磁感应　电磁场 8.1 电磁感应定律
目的要求	掌握法拉第电磁感应定律的物理意义，能熟练地应用法拉第电磁感应定律计算感应电动势
重点难点	法拉第电磁感应定律及其应用

主要内容

学习笔录：

一、电源及其电动势

(1) 电源：能够提供非静电力维持电势差的装置。

(2) 电动势：描述电源内非静电力做功本领大小的物理量，即将单位正电荷沿闭合回路移动一周的过程中，非静电力所做的功。

(3) 电源电动势：把单位正电荷从负极经电源内部移到正极时非静电力所做的功。电源电动势的计算公式为

$$\varepsilon = \int_{-}^{+} \boldsymbol{E}_{\mathrm{k}} \cdot \mathrm{d}\boldsymbol{l}$$

二、法拉第电磁感应定律

法拉第电磁感应定律的公式为

$$\varepsilon_{\mathrm{i}} = -\frac{\mathrm{d}\Phi_{\mathrm{m}}}{\mathrm{d}t} \quad 或 \quad \varepsilon_{\mathrm{i}} = -\frac{\mathrm{d}(N\Phi_{\mathrm{m}})}{\mathrm{d}t}$$

感应电动势 ε_{i} 方向的判断有两种方法：一种是使用楞次定律；另一种是首先根据磁场方向确定闭合回路所围曲面的法向和回路正的绕行方向（法向与正绕向方向符合右手螺旋关系）并计算出磁通量，当计算结果 $\varepsilon_{\mathrm{i}} > 0$ 时，ε_{i} 方向与回路正绕向相同，否则与回路正绕向相反。

说明：

(1) ε_{i} 与 $\frac{\mathrm{d}\Phi_{\mathrm{m}}}{\mathrm{d}t}$ 瞬时对应，ε_{i} 的大小只与磁通量的变化率成正比；

(2) $\varepsilon_{\mathrm{i}} = 0$ 时，并非回路中每段导体中的电动势都为零；

(3) 改变磁场、改变回路所包围的面积，或改变回路与磁场的位置关系，均可引起磁通量变化，产生感应电动势。

三、楞次定律

感应电流的方向总阻碍引起感应电流磁场的磁通量变化，楞次定律主要研究引起感应电流的磁场，即原磁场和感应电流的磁场二者之间的关系。楞次定律并不是一个孤立的定律，它实际上是自然界中最普遍的能量守恒定律在电磁感应现象中的体现。

班级：________ 姓名：________ 学号：________ 任课教师：________

四、应用电磁感应定律计算感应电动势的一般步骤

（1）确定引起感应电动势的磁场分布和方向；

（2）计算磁通量；

（3）根据 $\varepsilon_i = -\dfrac{d\Phi_m}{dt}$ 求出感应电动势；

（4）判断电动势方向。

例题精解

例题1：设有矩形回路放在匀强磁场中，如图8－1所示，AB边也可以左右滑动，设其以匀速度向右运动，求回路中的感应电动势。

解：取回路L顺时针绕行，$AB = l$，$AD = x$，则通过线圈的磁通量为

$$\Phi = \boldsymbol{B} \cdot \boldsymbol{S} = BS\cos 0° = BS = Blx$$

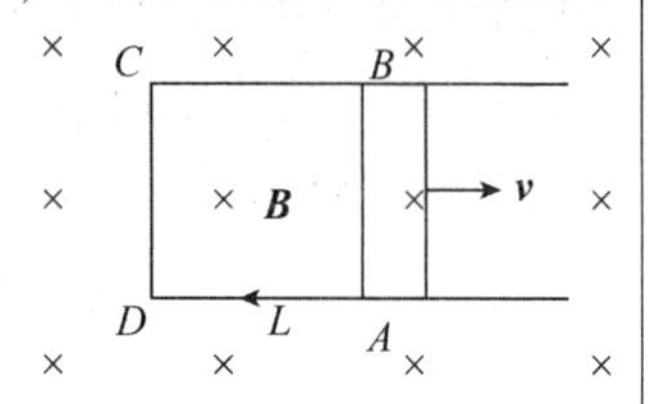

图8－1 例题1图

由法拉第电磁感应定律有

$$\varepsilon_i = -\frac{d\Phi}{dt} = -Bl\frac{dx}{dt}$$

$$= -Blv\left(v = \frac{dx}{dt} > 0\right)$$

说明：ε_i 的方向与回路的绕行方向相反，即逆时针方向；由楞次定律也能得知，ε_i 的方向为逆时针方向。

● **讨论**

（1）如果回路为N匝，则 $\Phi = N\varphi$（φ 为单匝线圈磁通量）。

（2）设回路电阻为R（视为常数），感应电流 $I_i = \dfrac{\varepsilon_i}{R} = -\dfrac{1}{R}\dfrac{d\Phi}{dt}$，在$(t_1 - t_2)$内通过回路任一横截面的电量为

$$q = \int_{t_1}^{t_2} I_i dt = \int_{t_1}^{t_2} -\frac{1}{R}\frac{d\Phi}{dt}dt$$

$$= -\frac{1}{R}\int_{\Phi_1}^{\Phi_2} d\Phi = -\frac{1}{R}[\Phi_2 - \Phi_1]$$

例题2：如图8－2所示，平面线圈面积为S，共N匝，在匀强磁场$\boldsymbol{B}$中绕轴OO'以速度ω匀速转动，轴OO'与$\boldsymbol{B}$垂直，$t=0$时，线圈平面法线$\boldsymbol{n}$与$\boldsymbol{B}$同向，求线圈中电动势；若线圈电阻为R，求感应电流。

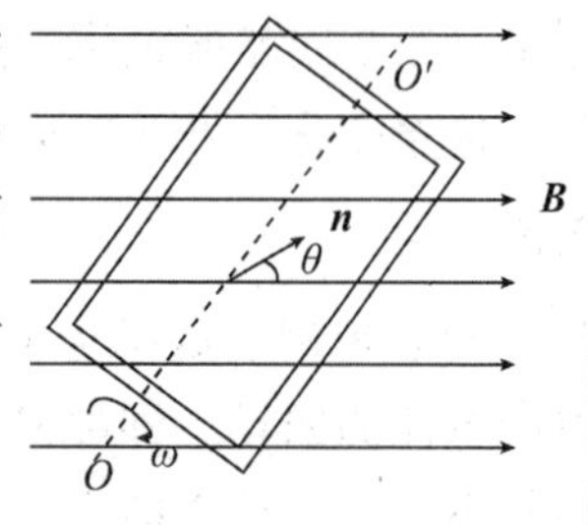

图8－2 例题2图

班级：________ 姓名：________ 学号：________ 任课教师：________

解：（1）设 t 时刻，$\boldsymbol{n}$ 与 $\boldsymbol{B}$ 夹角为 θ，此时线圈磁通量为

$$\Phi = N(\boldsymbol{B} \cdot \boldsymbol{S}) = NBS\cos\theta = NBS\cos\omega t$$

由法拉第电磁感应定律知感应电动势为

$$\varepsilon_{\mathrm{i}} = -\frac{\mathrm{d}\Phi}{\mathrm{d}t} = NBS\omega\sin\omega t = \varepsilon_{\mathrm{i0}}\sin\omega t$$

$$(\varepsilon_{\mathrm{i0}} = NBS\omega = \varepsilon_{\mathrm{imax}})$$

（2）感应电流为

$$I_{\mathrm{i}} = \frac{\varepsilon_{\mathrm{i}}}{R} = \frac{\varepsilon_{\mathrm{i0}}}{R}\sin\omega t = I_0\sin\omega t$$

例题3：真空中，长直载流导线附近放置一个 N 匝的矩形线圈，线圈与长直导线共面。设长直导线中通有交流电 $I = I_0\sin\omega t$，其中 I_0、ω 是正值常量，当 $I > 0$ 时，方向如图8－3所示，求矩形线框中的感应电动势。

解：建立坐标系如图8－3所示，选择计算回路的方向为顺时针方向。设时刻 t 电流方向如图8－3所示，则长直载流导线在任意坐标 x 处产生的磁感应强度为。

$$B = \frac{\mu_0 I}{2\pi x}$$

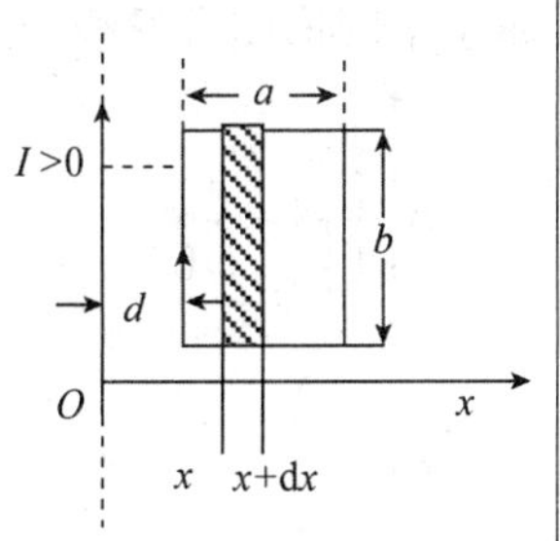

图8－3　例题3图

因为磁场方向为垂直纸面向内，可取矩形面的法向也为垂直纸面向内（计算得磁通量为正值），根据右手定则，此时顺时针方向即为回路正绕行方向。

回路矩形线圈上坐标 x 位置附近宽度为 $\mathrm{d}x$ 的面元的磁通量为

$$\mathrm{d}\Phi = B\mathrm{d}S = \frac{\mu_0 Ib}{2\pi x}\mathrm{d}x$$

单匝线圈的磁通量为

$$\Phi = \int_d^{d+a}\frac{\mu_0 I_0 b\sin\omega t}{2\pi x}\mathrm{d}x = \frac{\mu_0 I_0 b\sin\omega t}{2\pi}\ln\frac{d+a}{d}$$

N 匝线圈的磁链为

$$\Psi = N\Phi = \frac{N\mu_0 I_0 b\sin\omega t}{2\pi}\ln\frac{d+a}{d}$$

由法拉第电磁感应定律，线圈中感应电动势为

$$\varepsilon_{\mathrm{i}} = -\frac{\mathrm{d}\Psi}{\mathrm{d}t} = -\frac{N\mu_0 I_0 b\omega\cos\omega t}{2\pi}\ln\frac{d+a}{d}$$

班级：__________ 姓名：__________ 学号：__________ 任课教师：__________

ε_i 随时间 t 呈余弦变化，若 $\cos\omega t<0$，则 $\varepsilon_i>0$，表明此时电动势方向与所设方向相同，即顺时针方向；若 $\cos\omega t>0$，则 $\varepsilon_i<0$，说明此时电动势方向与所设方向相反，即逆时针方向。因而，交变电流的磁场在线圈中激发的感应电动势也是交变的。

课后作业

8－1　如图8－4所示，两个金属圆环在最低点处切断并分别焊在一起。整个装置处在方向为垂直纸面向内的匀强磁场中，当磁场均匀增加时，（　　）。

A）内环有逆时针方向的感应电流

B）内环有顺时针方向的感应电流

C）外环有逆时针方向的感应电流

D）内、外环都没有感应电流

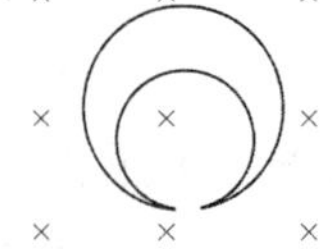

图8-4　题1图

8－2　如图8－5所示，矩形区域为均匀稳恒磁场，半圆形闭合导线回路在纸面内绕轴 O 作逆时针方向匀角速转动，O 点是圆心且恰好落在磁场的边缘上，半圆形闭合导线回路完全在磁场外时开始计时。A）～D）选项中（　　）属于半圆形闭合导线回路中产生的感应电动势。

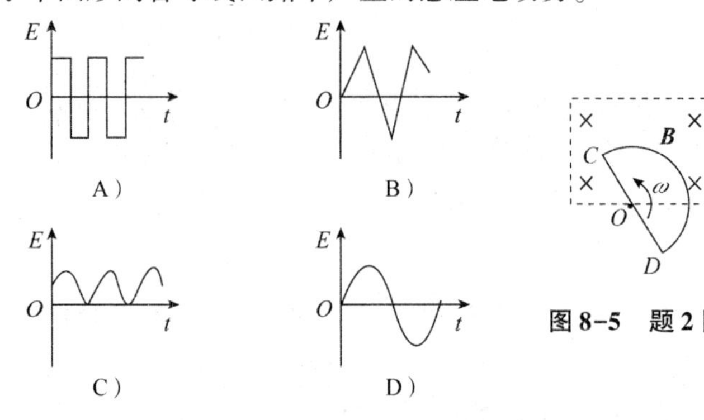

图8-5　题2图

8－3　如图8－6所示，一半径为 r 的很小金属环，在初始时刻与一半径为 a（$a\gg r$）的大金属圆环共面且同心，在大圆环中通以恒定的电流 I，方向如图8－6所示，如果小圆环以角速度 ω 绕其任一方向的直径转动，并设小圆环的电阻为 R，则任一时刻 t 通过小圆环的磁通量 Φ = __________，小圆环中的感应电流 I_i = __________。

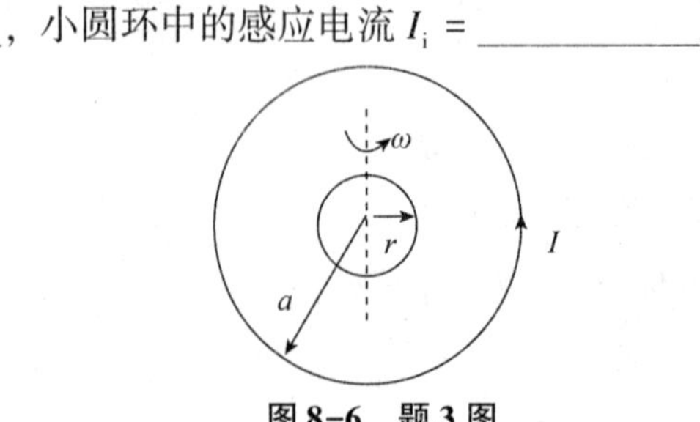

图8-6　题3图

班级：________ 姓名：________ 学号：________ 任课教师：________

8－4　半径为 a 的无限长密绕螺线管，单位长度上的匝数为 n，通以交变电流 $i = I_m \sin \omega t$，则围在管外的同轴圆形回路(半径为 r) 上的感生电动势为__________。

8－5　如图8－7所示，真空中一长直导线通有电流 $I(t)=I_0 e^{-\lambda t}$(式中 I_0、λ 为常量，t 为时间)，有一带滑动边的矩形导线框与长直导线平行共面，二者相距 a，矩形导线框的滑动边与长直导线垂直，它的长度为 b，初始时与导线框左端重合，之后以匀速 $\boldsymbol{v}$ (方向平行于长直导线) 滑动，试求任意时刻 t 在矩形导线框内的感应电动势 ε_i 并讨论 ε_i 的方向。

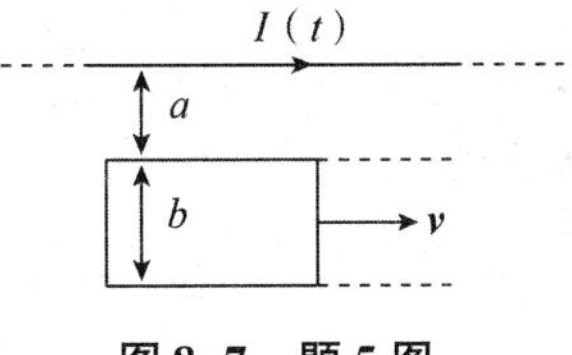

图8-7　题5图

8－6　如图8－8所示，两根相互平行无限长直导线相距为 d，载有大小相等、方向相反的电流 I，电流变化率 $dI/dt=\alpha>0$。一个边长为 d 的正方形线圈位于导线平面内与一根导线相距 d。现求线圈中的感应电动势，并说明线圈中的感应电流是顺时针还是逆时针方向。

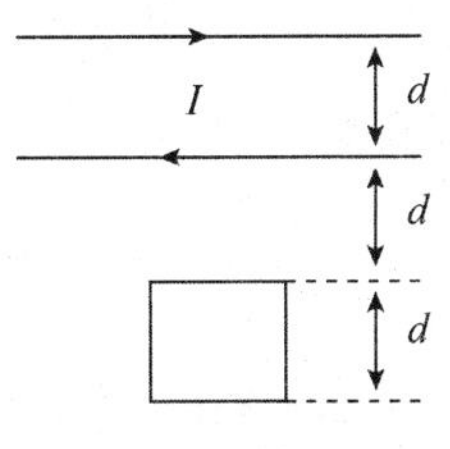

图8-8　题6图

班级：________ 姓名：________ 学号：________ 任课教师：________

授课章节	第八章 电磁感应 电磁场 8.3 自感和互感
目的要求	理解自感、互感现象，能计算简单回路的自感系数和回路间的互感系数，及对应电动势
重点难点	互感系数的计算

主要内容

学习笔录：

一、自感与互感

1. 自感

自感电动势是变化电流在自身回路中引起磁通量变化而产生的感应电动势，其定义式为

$$\varepsilon_L = -L\frac{\mathrm{d}I}{\mathrm{d}t}$$

自感系数(简称自感) 为

$$L=\frac{\mathrm{d}\Phi}{\mathrm{d}I} \quad 或 \quad L=\frac{\Phi}{I}(无铁磁性物质时)$$

自感系数只与回路本身的形状、大小及周围磁介质的磁导率有关，与电流无关。

2. 互感

互感电动势是变化电流在相邻的其他回路中引起磁通量变化而产生的感应电动势，其定义式为

$$\varepsilon_{21} = -M\frac{\mathrm{d}I_1}{\mathrm{d}t} \quad 或 \quad \varepsilon_{12} = -M\frac{\mathrm{d}I_2}{\mathrm{d}t}$$

互感系数(简称互感) 为

$$M=\frac{\mathrm{d}\Phi_{21}}{\mathrm{d}I_1}=\frac{\mathrm{d}\Phi_{12}}{\mathrm{d}I_2} \quad 或 \quad M=\frac{\Phi_{21}}{I_1}=\frac{\Phi_{12}}{I_2}(无铁磁性物质时)$$

线圈之间的互感系数除与各个线圈的形状、大小及周围磁介质的磁导率有关外，还与各个线圈之间的相互位置有关。

3. 计算自感、互感系数

计算线圈的自感、互感系数的一般步骤如下：

(1) 虽然自感和互感系数均与电流无关，但要先设出电流，以确定电流磁场的分布；

(2) 根据磁场分布计算穿过单匝线圈的磁通量和多匝线圈的磁通链；

(3) 根据定义式求出自感或互感系数。

班级：________ 姓名：________ 学号：________ 任课教师：________

例题精解

例题8：如图8－19所示，长直螺线管长为l，横截面积为S，共N匝，介质磁导率为μ（均匀介质），求自感系数L。

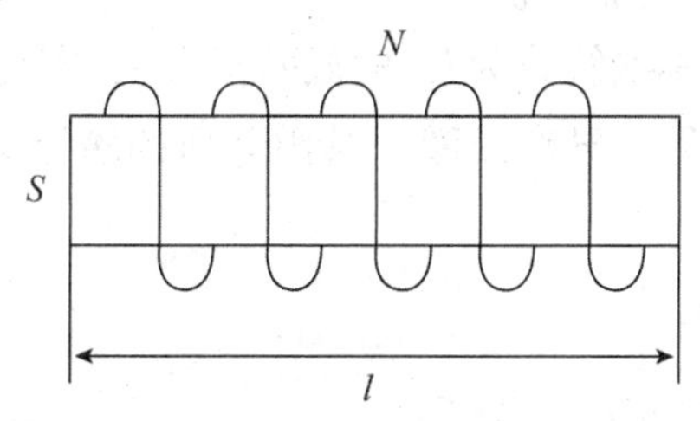

图8-19 例题8图

解：设线圈电流为I，通过单匝线圈的磁通量为

$$\Psi = BS = \mu nIS$$

通过N匝线圈的磁通数为

$$\Psi = N\varphi = N\mu nIS$$

由$\Psi = LI$有

$$L = N\mu nS = \frac{N}{l}\mu n(lS) = \mu n^2 V \quad (V\text{为螺线管的体积})$$

说明：(1) 由于计算中忽略了边缘效应，所以计算值是近似的，实际测量值比它小些；

(2) L只与线圈大小、形状、匝数、磁介质有关。

例题9：如图8－20所示，同轴电缆半径分别为a、b，电流从内筒端流入，经外筒端流出，筒间充满磁导率为μ的介质，电流为I。求单位长度同轴电缆的自感系数。

解：由安培环路定理知，筒间距轴r处$\boldsymbol{H}$的大小为

$$H = \frac{I}{2\pi r}$$

于是得

$$B = \frac{\mu I}{2\pi r} \quad (B = \mu H)$$

取长为h的一段电缆来考虑，穿过阴影面积的磁通量为(取$\mathrm{d}\boldsymbol{S}$的方向垂直纸面向内)

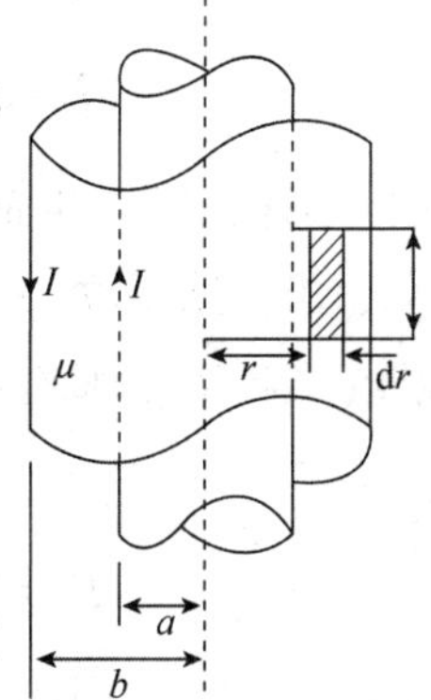

图8-20 例题9图

$$\mathrm{d}\boldsymbol{\Phi} = \boldsymbol{B} \cdot \mathrm{d}\boldsymbol{S} = B\mathrm{d}S = Bh\mathrm{d}r$$

于是有

$$\boldsymbol{\Phi} = \int \mathrm{d}\boldsymbol{\Phi}$$

班级：________ 姓名：________ 学号：________ 任课教师：________

$$= \int_a^b \frac{\mu I h}{2\pi r} dr = \frac{\mu I h}{2\pi} \ln \frac{b}{a}$$

单位长度同轴电缆的自感系数为

$$L_0 = \frac{\Phi}{I} = \frac{\mu h}{2\pi} \ln \frac{b}{a}$$

例题10：如图8－21所示，一螺线管长为l，横截面积为S，密绕N_1匝导线线圈，在其中部再绕N_2匝另一导线线圈。管内介质的磁导率为μ，求这两个线圈的互感系数M。

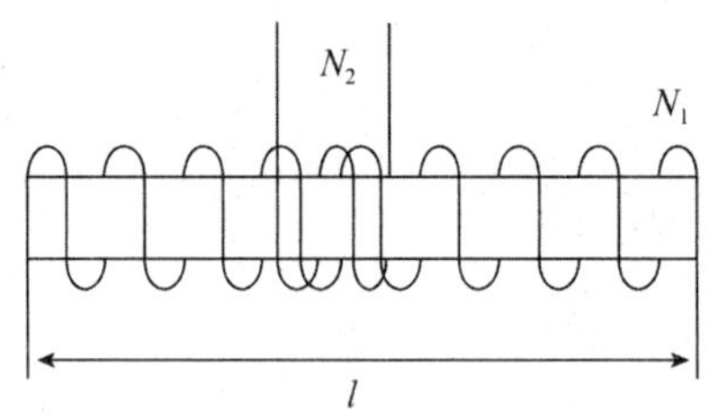

图8-21 例题10图

解：设螺线管N_1匝导线线圈中电流为I_1，它在中部产生磁场$\boldsymbol{B}_1$的大小为

$$B_1 = \mu \frac{N_1}{l} I_1$$

I_1产生的磁场通过N_2匝导线线圈的磁通链为

$$\Psi_{21} = N_2 \varphi_{21} = N_2 B_1 S = N_2 \mu \frac{N_1}{l} I_1 S$$

依互感定义$M = \dfrac{\Psi_{21}}{I_1}$，有

$$M = \mu \frac{N_1 N_2}{l} S$$

例题11：两圆形线圈同心共面，半径依次为R_1、R_2，$R_1 \gg R_2$，匝数分别为N_1、N_2，求互感系数。

解：设大线圈(半径R_1)通有电流I_1，在其中心处产生磁场$\boldsymbol{B}_1$大小为

$$B_1 = \frac{\mu_0 I_1 N_1}{2R_1}$$

因为$R_1 \gg R_2$，所以小线圈(半径R_2)可视为处于匀强磁场，通过小线圈的磁通链为

$$\Psi_{21} = N_2 \varphi_{21} = N_2 B_1 S_2 = N_2 \frac{\mu_0 I_1 N_1}{2R_1} \pi R_2{}^2$$

班级：________ 姓名：________ 学号：________ 任课教师：________

由 $M = \dfrac{\Psi_{21}}{I_1}$，有

$$M = \frac{\mu_0 N_1 N_2}{2R_1}\pi R_2^{\ 2}$$

课后作业

8 - 13　按自感系数的定义式 $L = \Phi/I$，当忽略其他因素只考虑电流增加时，线圈的自感系数 L 将(　　)。

A) 变大，正比于电流 I

B) 变小，反比于电流 I

C) 不变，与电流强度无关

D) 变大，但不正比于电流 I

8 - 14　已知一螺绕环的自感系数为 L，若将该螺绕环锯成两个半环式的螺线管，则两个半环螺线管的自感系数(　　)。

A) 都等于 $L/2$

B) 有一个大于 $L/2$，另一个小于 $L/2$

C) 都大于 $L/2$

D) 都小于 $L/2$

8 - 15　在自感系数为 0.25 H 的线圈中，当电流在(1/16) s 内由 2 A 均匀减小到零时，线圈中自感电动势的大小为(　　)。

A) 7.8×10^{-3} V

B) 3.1×10^{-2} V

C) 8.0 V

D) 12.0 V

8 - 16　在一个中空的圆柱面上紧密地绕有两个完全相同的线圈 aa'、bb'(如图 8 - 22 所示)，已知每个线圈的自感系数都等于 0.05 H。

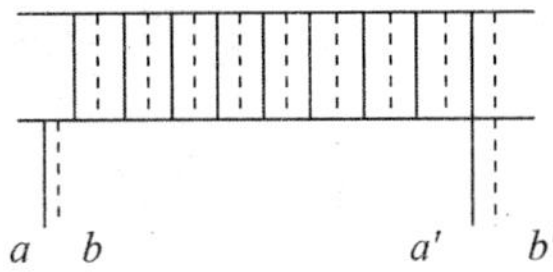

若 a、b 两端相接，a'、b' 两端接入电路，则整个线圈的自感系数 L = ____________；

若 a、b' 两端相接，a'、b 两端接入电路，则整个线圈的自感系数 L = ____________；

若 a、b 两端相接，a'、b' 两端相接，再将 a'、b' 两端接入电路，则整个线圈的自感系数 L = ____________。

a　b　a′　b′

图 8-22　题 16 图

班级：__________ 姓名：__________ 学号：__________ 任课教师：__________

8 - 17　一矩形截面的空心环形螺线管的尺寸如图8 - 23所示，其上均匀绕有 N 匝线圈，求螺线管的自感系数 L。

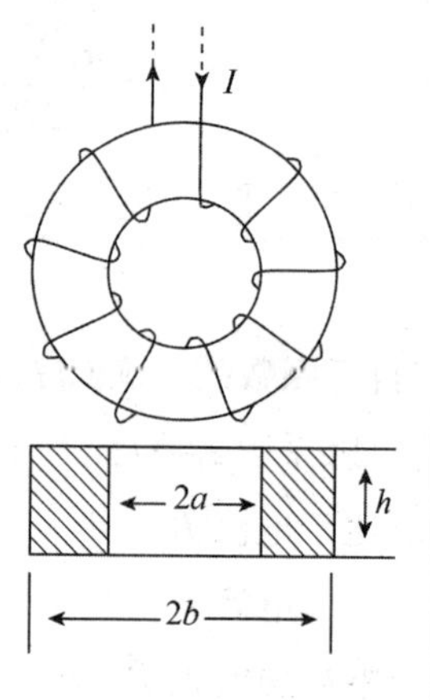

图 8-23　题 17 图

8 - 18　如图 8 - 24 所示，两个共轴圆线圈，半径分别为 R、r，匝数分别为 N_1 和 N_2，相距为 d，设 $r \ll R$，则小线圈（半径为 r）所在处的磁场可视为均匀的，求两线圈的互感系数 m。

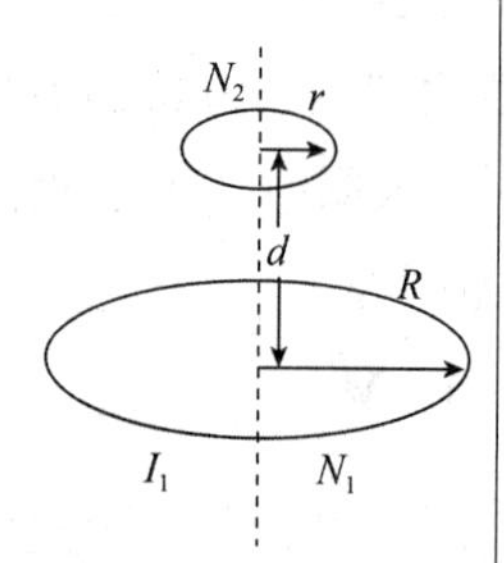

图 8-24　题 18 图

班级：________ 姓名：________ 学号：________ 任课教师：________

授课章节	第八章　电磁感应　电磁场 8.5 磁场的能量　磁场能量密度；8.6 位移电流　电磁场基本方程的积分形式
目的要求	理解磁场能量和磁场能量密度的概念，能计算有规律分布的非匀强磁场的能量；理解位移电流及位移电流密度的概念；理解麦克斯韦方程组(积分形式)的物理意义
重点难点	磁场能量；位移电流；麦克斯韦方程组

主要内容

学习笔录：

一、磁场的能量

线圈磁场的能量为：$W_m = \frac{1}{2}LI^2$。

能量密度为：$w_m = \frac{1}{2}\boldsymbol{B}\cdot\boldsymbol{H} = \frac{1}{2}BH$。

非匀强磁场能量为：$W_m = \int_V w_m \mathrm{d}V$。

二、位移电流

位移电流的实质是变化的电场能产生磁场，在产生磁场方面与传导电流是等效的。

位移电流为：$I_d = \frac{\partial \Phi_D}{\partial t}$。

位移电流密度为：$\boldsymbol{j}_d = \frac{\partial \boldsymbol{D}}{\partial t}$。

传导电流 I_c 与位移电流 I_d 之和称为全电流。用公式表示为

$$\oint_l \boldsymbol{H}\cdot\mathrm{d}\boldsymbol{l} = \sum(I_c + I_d) = \iint_S (\boldsymbol{j}_c + \boldsymbol{j}_d)\cdot\mathrm{d}\boldsymbol{S}$$

在电容器充、放电电路中，电路导体中的传导电流与电容器极板间变化电场形成的等效位移电流大小相等，共同构成全电流循环。

位移电流与传导电流的区别和联系在于产生机理不同，热效应不同，存在方式不同，但两者在产生磁场方面是等效的。

三、麦克斯韦电磁场理论

麦克斯韦方程组为

班级：________　姓名：________　学号：________　任课教师：________

$$\begin{cases} \oint_l \boldsymbol{E} \cdot d\boldsymbol{l} = -\iint_S \frac{\partial \boldsymbol{B}}{\partial t} \cdot d\boldsymbol{S} & \text{反映电场的非保守性} \\ \oiint_S \boldsymbol{D} \cdot d\boldsymbol{S} = \sum q & \text{反映电场的有源性} \\ \oiint_S \boldsymbol{B} \cdot d\boldsymbol{S} = 0 & \text{反映磁场的无源性} \\ \oint_l \boldsymbol{H} \cdot d\boldsymbol{l} = \iint_S \left(\boldsymbol{j}_c + \frac{\partial \boldsymbol{D}}{\partial t}\right) \cdot d\boldsymbol{S} & \text{反映磁场的非保守性} \end{cases}$$

例题精解

例题 12：如图 8 - 25 所示，同轴电缆的半径分别为 a、b，电流从内筒端流入，经外筒端流出，筒间充满磁导率为 μ 的介质，电流为 I。求单位长度同轴电缆的自感系数。(用磁场能量方法解)

解：由安培环路定律可得

$$B = \begin{cases} 0 & (\text{Ⅰ}) \\ \dfrac{\mu I}{2\pi r} & (\text{Ⅱ}) \\ 0 & (\text{Ⅲ}) \end{cases}$$

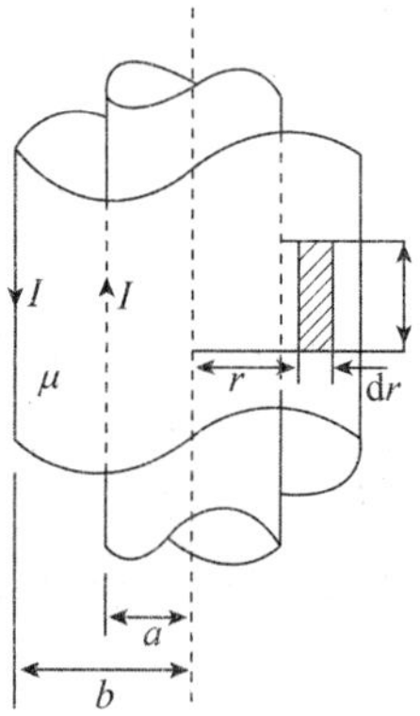

图 8-25　例题 12 图

所以除两筒间外，其他地方无磁场能量。在筒间距轴线为 r 处的能量密度 w_m 为

$$w_m = \frac{1}{2\mu}B^2 = \frac{\mu I^2}{8\pi^2 r^2}$$

在半径为 r 处，宽为 dr、高为 h 的薄圆筒内的能量为

$$dW_m = w_m dV = \frac{\mu I^2}{8\pi^2 r^2} \cdot 2\pi r \cdot dr \cdot h = \frac{\mu h I^2}{4\pi r} dr$$

在筒间能量为

$$W_m = \int dW_m = \int \frac{\mu h I^2}{4\pi r} \cdot dr = \frac{\mu h I^2}{4\pi} \ln \frac{b}{a}$$

因为 $W_m = \frac{1}{2}LI^2$，所以 $L = \frac{\mu h}{2\pi} \ln \frac{b}{a}$。

故单位长度同轴电缆的自感系数为

$$L_0 = \frac{L}{h} = \frac{\mu}{2\pi} \ln \frac{b}{a}$$

例题 13：如图 8 - 26 所示，一无限长直导线，半径为 R，试求长度为 b 的一般导线与内部磁通量有联系的那部分自感系数。

班级：________ 姓名：________ 学号：________ 任课教师：________

解：用磁链法进行计算(方法一)。

所谓磁链法就是设想回路通有电流 I，然后计算磁通链 Ψ，最后根据定义 $L=\dfrac{\Psi}{I}$ 求出自感系数。

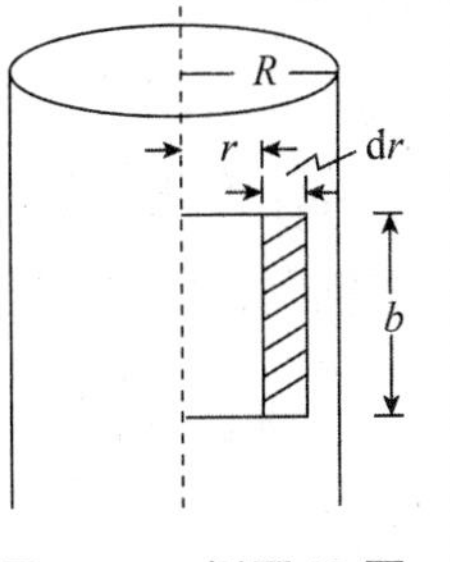

图 8-26 例题 13 图

该种方法下磁通链表示磁力线与电场线相互套连，导线内磁力线不是与整个导线中的全部电流套连，而只与其中一部分导线相套连，因此在计算有效磁通链时要乘上一个匝链因子，即

$$a=\pi r^2/\pi R^2=r^2/R^2$$

式中，R 为导体半径，r 为导线内某磁力线的半径，导线内的有效磁通链为

$$\Psi=\int aB\mathrm{d}S=\int_0^R\frac{r^2}{R^2}\frac{\mu_0 Ir}{R^2 2\pi R^2}b\mathrm{d}r=\frac{\mu_0 I}{8\pi}b$$

故此导线的自感系数为

$$L=\frac{\Psi}{I}=\frac{\mu_0 b}{8\pi}$$

用磁能法进行计算(方法二)。

应用磁能法时先设想回路通有电流 I，然后计算磁场能量 W_{m}，最后由公式 $W_{\mathrm{m}}=\dfrac{1}{2}LI^2$ 求出自感系数。

由 $w_{\mathrm{m}}=\dfrac{\beta}{2\mu_0}=\dfrac{1}{2\mu_0}\left(\dfrac{\mu_0 Ir}{2\pi R^2}\right)^2=\dfrac{\mu_0 I^2 r^2}{8\pi^2 R^4}$ 和 $\mathrm{d}V=2\pi rb\mathrm{d}r$ 可得

$$W_{\mathrm{m}}=\int w_{\mathrm{m}}\mathrm{d}V=\int\frac{\mu_o I^2 r^2}{8\pi^2 R^4}2\pi rb\mathrm{d}r=\frac{\mu_0 I^2 b}{4\pi R^4}\int_0^R r^3\mathrm{d}r=\frac{\mu_0 I^2}{16\pi}b$$

故导线内的自感系数为

$$L=\frac{2W_{\mathrm{m}}}{I^2}=\frac{\mu_0 b}{8\pi}$$

例题 14：有一单层密绕的螺线管，长为0.25 m，截面积为$5\times10^{-4}\ \mathrm{m}^2$，绕有线圈2 500 匝，电流为0.2 A，求线圈内的磁场能量。

解：螺线管中储存的能量与流过螺线管的电流的平方成正比，与自感系数成正比，所以求出自感系数即可得到解答此问题。单层密绕螺线管的自感系数为

$$L=\mu_0 n^2 V=\frac{\mu_0 N^2 S}{l}=\frac{4\pi\times10^{-7}\times(2\ 500)^2\times5\times10^{-4}}{0.25}$$

$$=5\pi\times10^{-3}\ \mathrm{H}$$

螺线管中储存的能量为

$$W_{\mathrm{m}}=\frac{1}{2}LI^2=\frac{1}{2}\times5\pi\times10^{-3}\times(0.2)^2=3.14\times10^{-4}\ \mathrm{J}$$

班级：________ 姓名：________ 学号：________ 任课教师：________

例题15：已知两个共轴并且完全耦合的螺线管A和B，若A的自感系数L_1为4.0×10^{-3} H，载有3 A的电流I_1，B的自感系数L_2为9×10^{-3} H，载有5 A的电流I_2，计算此两个线圈内储存的总磁磁场能量W_{m}。

解：对两个共轴并且完全耦合的螺线管运用磁场能量公式有

$$W_{\mathrm{m}}=\frac{1}{2}L_1I_1^2+\frac{1}{2}L_2I_2^2+MI_1I_2$$

式中，$M=\pm\sqrt{L_1\cdot L_2}=\pm\sqrt{4.0\times10^{-3}\times9\times10^{-3}}=\pm6\times10^{-3}$ H。

磁场同向时，M取正值，两个线圈内储存的总磁场能量为

$$\begin{aligned}W_{\mathrm{m}}&=\frac{1}{2}L_1I_1^2+\frac{1}{2}L_2I_2^2+MI_1I_2\\&=\frac{1}{2}\times4\times10^{-3}\times9+\frac{1}{2}\times9\times10^{-3}\times25+6\times10^{-3}\times3\times5\\&=0.22\ \mathrm{J}\end{aligned}$$

磁场反向时，有

$$W_{\mathrm{m}}=\frac{1}{2}L_1I_1^2+\frac{1}{2}L_2I_2^2-MI_1I_2=4.05\times10^{-2}\ \mathrm{J}$$

例题16：同轴线终端接一个平行板电容器，电容器极板是半径为a的圆板，极板间隔为b，如图8-27所示，上极板接于同轴线外导体，下极板接于内导体的延伸部分，内导体半径为a_0。已知$u_C=U_{\mathrm{m}}\sin\omega t$，求极板间任一点的$H$。

解：设电场是均匀的，则电场强度$E=\dfrac{u_C}{b}$，电位移$D=\varepsilon_0\dfrac{u_C}{b}$，在极板间取半径为$r$的截面$S$，则通过$S$的电位移通量为

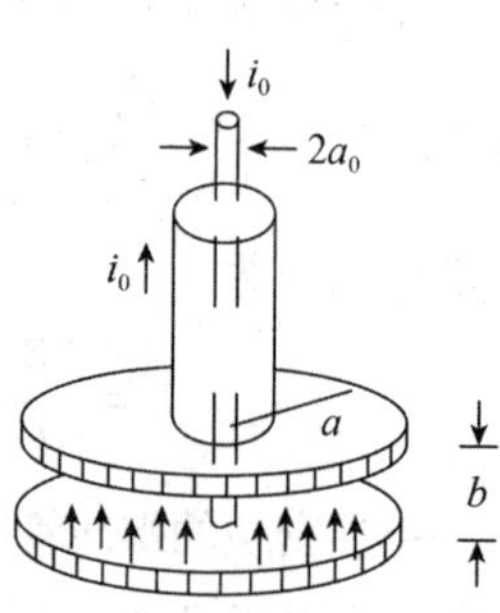

图8-27　例题16图

$$\Phi_{\mathrm{e}}=\iint_S\boldsymbol{D}\cdot\mathrm{d}\boldsymbol{S}=D\pi r^2$$

通过截面S的位移电流为

$$i_{\mathrm{d}}=\frac{\mathrm{d}\Phi_{\mathrm{e}}}{\mathrm{d}t}=\pi r^2\frac{\mathrm{d}D}{\mathrm{d}t}=\frac{\varepsilon_0\pi r^2}{b}\frac{\mathrm{d}u_C}{\mathrm{d}t}$$

内导体延伸部分通过的传导电流为

$$i_0=\frac{\mathrm{d}q}{\mathrm{d}t}=C\frac{\mathrm{d}u_C}{\mathrm{d}t}=\frac{\varepsilon_0\pi a^2}{b}\frac{\mathrm{d}u_C}{\mathrm{d}t}$$

根据安培环路定理，在极板间距离中心为r处有

$$\oint_l\boldsymbol{H}\cdot\mathrm{d}\boldsymbol{l}=i_0-i_{\mathrm{d}}$$

班级：________ 姓名：________ 学号：________ 任课教师：________

于是得

$$H = \frac{1}{2\pi r}(i_0 - i_d)$$

i_d 取负值是由于其方向与 i_0 相反，因此，当 $a_0 < r < a$ 时，有

$$H = \frac{1}{2\pi r}\left(\frac{\varepsilon_0 \pi a^2}{b}\frac{du_C}{dt} - \frac{\varepsilon_0 \pi r^2}{b}\frac{du_C}{dt}\right) = \frac{\varepsilon_0 \omega U_m}{2b}\left(\frac{a^2}{r} - r\right)\cos \omega t$$

课后作业

8－19　对于位移电流，有下述四种说法。其中，正确的说法是(　　)。

A) 位移电流是由变化电场产生的

B) 位移电流是由变化磁场产生的

C) 位移电流的热效应服从焦耳－楞次定律

D) 位移电流的磁效应不服从安培环路定理

8－20　两个具有相同长度和匝数的长直密绕螺线管，截面半径分别为 R_1 和 R_2，螺线管内充满均匀介质，其磁导率分别为 μ_1 和 μ_2，设 $R_2 = 2R_1$，$\mu_1 = 2\mu_2$，若将两螺线管串联并且通上电流，经过一段足够长的时间后，两螺线管的自感系数 L_1、L_2 和磁场能量 W_{m1}、W_{m2} 满足条件(　　)。

A) $L_1 = L_2$ 和 $W_{m1} = W_{m2}$

B) $L_1 = \frac{1}{2}L_2$ 和 $W_{m1} = W_{m2}$

C) $L_1 = \frac{1}{2}L_2$ 和 $W_{m1} = \frac{1}{2}W_{m2}$

D) $L_1 = 2L_2$ 和 $W_{m1} = 2W_{m2}$

8－21　真空中两根很长的、相距为 $2a$ 的平行直导线与电源组成闭合回路(如图 8－28 所示)，已知导线中的电流强度为 I，则在两导线正中间某点 P 处的磁场能量密度为(　　)。

A) $\frac{1}{\mu_0}\left(\frac{\mu_0 I}{2\pi a}\right)^2$

B) $\frac{1}{2\mu_0}\left(\frac{\mu_0 I}{2\pi a}\right)^2$

C) $\frac{1}{2\mu_0}\left(\frac{\mu_0 I}{\pi a}\right)^2$

D) 0

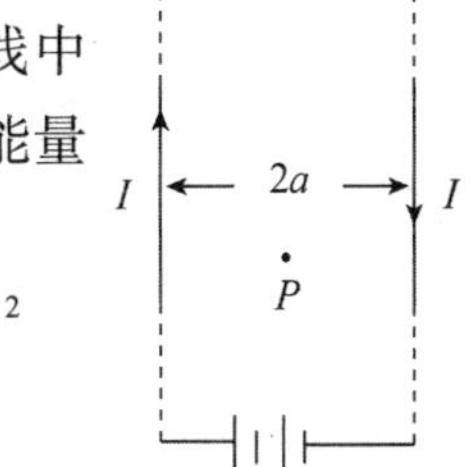

图 8-28　题 21 图

8－22　平行板电容器的电容 C 为 20.0 μF，两板上的电压变化率为 $dU/dt = 1.50 \times 10^5\ V \cdot s^{-1}$，则该平行板电容器中的位移电流为________。

班级：________ 姓名：________ 学号：________ 任课教师：________

8 - 23　有一单层密绕的螺线管，长为 0.25 m，截面积为 $5\times10^{-4}\ \mathrm{m}^2$，绕有线圈 2 500 匝，电流为 0.2 A，求线圈内的磁场能量 W_m。

8 - 24　一圆柱形长直载流导线中各处电流密度相等，总电流为 I，试计算每单位长度导线内贮藏的磁场能量。

微　课

班级：________ 姓名：________ 学号：________ 任课教师：________

授课章节	第十一章　光学 11.4 劈尖　牛顿环　迈克耳孙干涉仪(下)
目的要求	能熟练计算薄膜等厚干涉的明暗条纹位置及形成条件
重点难点	牛顿环干涉；迈克耳孙干涉仪

主要内容　　　　**学习笔录：**

一、牛顿环

明环条件为：$\delta = 2ne + \dfrac{\lambda}{2} = k\lambda$，$k = 1，2，3，\cdots$。

暗环条件为：$\delta = 2ne + \dfrac{\lambda}{2} = (2k + 1)\dfrac{\lambda}{2}$，$k = 0，1，2，\cdots$。

几何关系为：$r^2 = 2Re$。

明环半径为：$r_k = \sqrt{\dfrac{\left(k - \dfrac{1}{2}\right)R\lambda}{n}}$。

暗环半径为：$r_k = \sqrt{\dfrac{kR\lambda}{n}}$。

相邻明(暗)纹的厚度差(与劈尖相同)为：$\Delta e = \Delta e' = \dfrac{\lambda}{2n}$。

条纹特点为：内疏外密的一组同心圆环，中心为0级暗斑。

应用方面为：根据 $r_{k+m}^2 - r_k^2 = mR\lambda$，可测透镜球面的半径 R 或测波长 λ。

二、迈克耳孙干涉仪

用互相垂直的两平面镜形成等效空气层，利用分振幅法产生相干光，相当于薄膜干涉。当两平面镜严格垂直时，视场中可以观察到相当于薄膜的等倾干涉的一组同心圆环；当两平面镜不严格垂直时，视场中可以观察到相当于劈尖的等厚干涉的平行直条纹。当动臂移动时，则干涉条纹移动。若条纹移动数为 N，则动臂移动距离为

$$d = N\frac{\lambda}{2}$$

例题精解

例题7：在如图11－10所示的牛顿环实验装置中，把玻璃平凸透镜和平玻璃(玻璃折射率为 $n_1 = 1.50$)之间的空气(折射率为 $n_2 = 1.00$)改换成水(折射率为 $n'_2 = 1.33$)，求第 k 级暗环半径的相对改变量 $|r'_k - r_k|/r_k$。

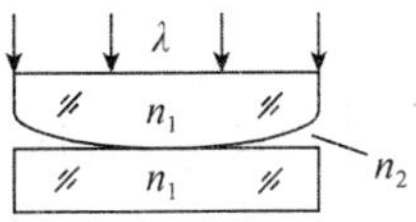

图11-10　例题7图

班级：________ 姓名：________ 学号：________ 任课教师：________

解：由牛顿环的计算可知，对空气膜第 k 级暗环半径为

$$r_k = \sqrt{kR\lambda/n_2} \quad (n_2 = 1.00)$$

充液体后第 k 级暗环半径为

$$r'_k = \sqrt{kR\lambda/n'_2} \quad (n'_2 = 1.33)$$

则第 k 级暗环半径的相对改变量为

$$|r'_k - r_k|/r_k = \frac{\sqrt{kR\lambda}}{\sqrt{kR\lambda}}\left(1 - \frac{1}{\sqrt{n'_2}}\right)$$

$$= 1 - \frac{1}{\sqrt{n'_2}} = 1 - \frac{1}{\sqrt{1.33}} = 13.3\%$$

例题 8：假设在迈克耳孙干涉仪的一条光路中，放入一折射率为 n、厚为 d 的透明薄片， 这样就改变了光程，干涉图样将发生改变，相当于将平面镜 M_2 向左或向右移动了相应的距离如图 11 - 11 所示，则：

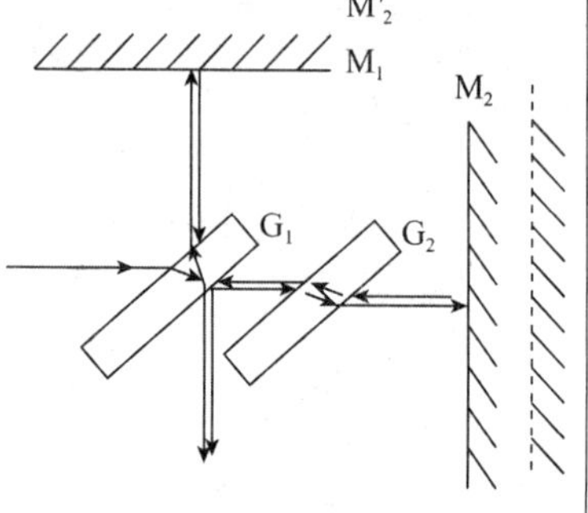

图 11-11　例题 8 图

(1) 相当于 M_2 镜移动了多少距离？

(2) 这条光路的光程改变了多少？

(3) 视场中有多少条纹移过？

解：(1) M_2 移动的距离为：$(n-1)d$；

(2) 光程改变量为：$2(n-1)d$；

(3) 移动条纹数为：$N = \dfrac{d}{\lambda/2} = \dfrac{2(n-1)d}{\lambda}$。

课后作业

11 - 13　在牛顿环实验装置中，曲率半径为 R 的平凸透镜与平玻璃板在中心恰好接触，它们之间充满折射率为 n 的透明介质，垂直入射到牛顿环实验装置上的平行单色光在真空中的波长为 λ，则反射光形成的干涉条纹中暗环半径 r_k 的表达式为(　　)。

A) $r_k = \sqrt{kR\lambda}$　　B) $r_k = \sqrt{kR\lambda/n}$

C) $r_k = \sqrt{knR\lambda}$　　D) $r_k = \sqrt{k\lambda/(nR)}$

11 - 14　在空气牛顿环实验中，用波长为 6.328×10^{-7} m 的单色光垂直入射，测得第 k 个暗环半径为 5.63 mm，第 $k+5$ 个暗环半径为 7.96 mm，求曲率半径 R。

班级：________ 姓名：________ 学号：________ 任课教师：________

11 - 15 在牛顿环实验装置的平凸透镜和平玻璃板之间充满折射率 $n = 1.33$ 的透明液体（设平凸透镜和平玻璃板的折射率都大于 1.33）。平凸透镜的曲率半径为 300 cm，波长 $\lambda = 6.5 \times 10^{-7}$ m 的平行单色光垂直照射到牛顿环实验装置上，平凸透镜顶部刚好与平玻璃板接触，求：(1) 从中心向外数，第十个明环所在处的液体厚度 e_{10}；(2) 第十个明环的半径 r_{10}。

11 - 16 若在迈克耳孙干涉仪的可动反射镜 M 移动 0.620 mm 的过程中，观察到干涉条纹移动了 2 300 条，则所用光波的波长为________。

11 - 17 将一个沿光路方向长度为 L 的透明密闭容器，置于迈克耳孙干涉仪的一个臂上，当用波长为 λ 的单色光照射时，调整好仪器。当逐渐抽空容器中的空气时，共观察到 N 条干涉条纹从视场中某点移过，则容器中原有的空气折射率 $n =$ ________。

11 - 18 如图 11 - 12 所示牛顿环实验装置，设一凸透镜中心恰好与平板玻璃接触，凸透镜表面的曲率半径是 $R = 400$ cm。用某种单色平行光垂直入射，观察反射光形成的牛顿环，测得第五个明环的半径是 0.30 cm。试求：

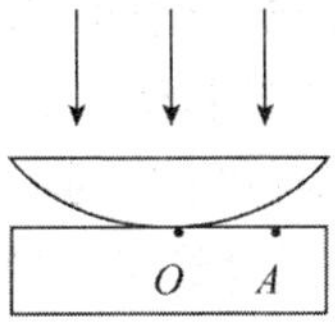

图 11-12 题 18 图

(1) 求入射光的波长 λ；

(2) 设图中 $OA = 1.2$ cm，求在半径为 OA 的范围内可观察到的明环数目 k。

班级：________ 姓名：________ 学号：________ 任课教师：________

授课章节	第十一章　光学 11.5 光的衍射；11.6 夫琅禾费单缝衍射
目的要求	掌握分析夫琅禾费单缝衍射的菲涅耳半波带法，掌握单缝衍射公式，并会用单缝衍射公式确定明暗条纹的位置
重点难点	半波带法；暗纹位置，明纹宽度的计算

主要内容

学习笔录：

一、夫琅禾费单缝衍射

1. 菲涅耳半波带法

一组平行光的光程差仅取决于它们从缝面各点到达 AC 面时的光程差，其中最大光程差为 $a\sin\varphi$，设想作相距为半个波长且平行于 AC 的平面，这些平面恰好把 BC 分成 n 个等分，则它们同时也将单缝处的波阵面 AB 分成面积相等的 n 个部分(如图 11 - 13 所示)，这样的每一个部分称为一个波带。这样的波带就是菲涅耳半波带。两个相邻半波带的任意两个对应点，当它们发出衍射光到达接收屏上 P 点时，光程差都是 $\lambda/2$，它们将相互抵消，因此两个相邻半波带所发出的衍射光在 P 点都将干涉相消。

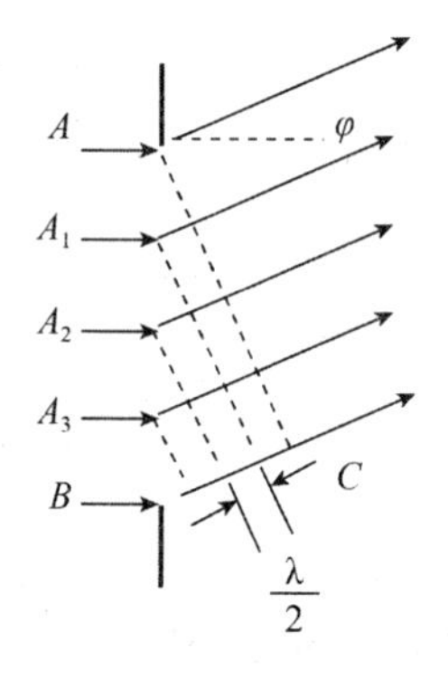

图 11-13　菲涅耳半波带

对于给定的衍射角 θ，有以下几处情形：

若 AC = 半波长偶数倍，单缝分成偶数个半波带，干涉抵消后在 P 点出现暗纹；

若 AC = 半波长奇数倍，单缝分成奇数个半波带，两者抵消后在 P 点剩一个半波带，出现明纹；

若 AC 不等于半波长整数倍，则 P 点光强介于最明与最暗之间。

2. 明暗纹条件

明暗纹的条件(正入射时) 为

$$\delta = a\sin\varphi = \begin{cases} \pm(2k+1)\dfrac{\lambda}{2} & \text{明纹} \\ \pm k\lambda & \text{暗纹} \quad (k=1,2,3,\cdots) \\ 0 & \text{中央明纹} \end{cases}$$

3. 明暗纹位置

由几何关系 $\sin\varphi \approx \tan\varphi = \dfrac{x}{f}$，结合明暗条件可得

$$x_{明} = \pm\frac{f}{a}(2k+1)\frac{\lambda}{2} \quad \left(x_{暗} = \pm\frac{kf\lambda}{a}\right)$$

班级：________ 姓名：________ 学号：________ 任课教师：________

4. 条纹宽度

(1) 中央明纹宽度为：正负一级暗纹间的距离。

中央明纹线宽度的表达式为：$\Delta x_0 = 2x'_1 = 2f\dfrac{\lambda}{a}$。

(2) 其他明纹宽度为：相邻两个暗纹间的距离。

其他明纹线宽度的表达式：$\Delta x = x_{k+1} - x_k = f\dfrac{\lambda}{a}$。

例题精解

例题9：夫琅禾费单缝衍射中，当衍射角满足$\delta = a\sin\varphi = 3\lambda$时，单缝处的波振面可分为多少个半波带？若将缝宽缩小一半，原来第三级暗纹将变为第几级明或暗纹。

解：由题意可知$\delta = a\sin\varphi = 3\lambda = 6\cdot\dfrac{\lambda}{2}$，所以可分为6个半波带。

因为$a' = \dfrac{a}{2}$，所以$\delta' = a'\sin\varphi = (2k+1)\dfrac{\lambda}{2} = \dfrac{a}{2}\sin\varphi = \dfrac{3}{2}\lambda = 3\cdot\dfrac{\lambda}{2}$。

由$2k+1=3$得$k=1$，即缝宽改变后，原来第三级暗纹将变为第一级明纹。

例题10：如图11－14所示，用波长为λ的单色光垂直入射到单缝AB上，试问：(1) 若$AP-BP=2\lambda$，问对P点而言，狭缝可分几个半波带？P点是明点还是暗点？(2) 若$AP-BP=1.5\lambda$，则P点又是怎样？对另一点Q来说，$AQ-BQ=2.5\lambda$，则Q点是明点还是暗点？P、Q二点相比哪点较亮？

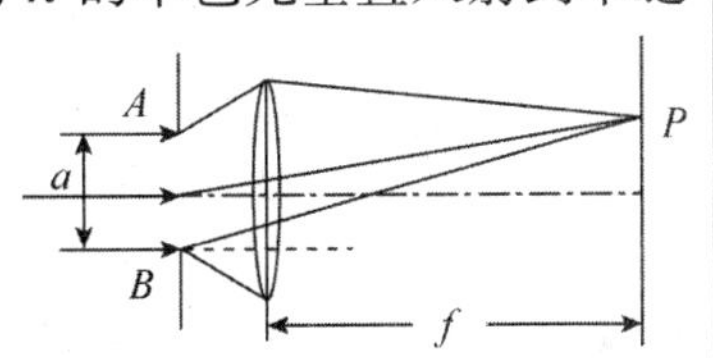

图11-14 例题10图

解：具体解答过程如下。

(1) AB可分成4个半波带，P点为暗点($2k$个)。

(2) P点对应AB上的半波带数为3，P点为明点。

Q点对应AB上半波带数为5，Q点为明点。

因为$2k_Q+1=5$，$2k_P+1=3$，所以$k_Q=2$，$k_P=1$，故P点较亮。

课后作业

11－19 如图11－15所示，波长为$\lambda = 4.8\times10^{-7}$ m的平行光垂直照射到宽度为$a=0.40$ mm的单缝上，单缝后透镜的焦距为$f=60$ cm，当单缝两边缘点A、B射向P点的两条光线在P点的位相差为π时，P点离透镜焦点O的距离等于____________。

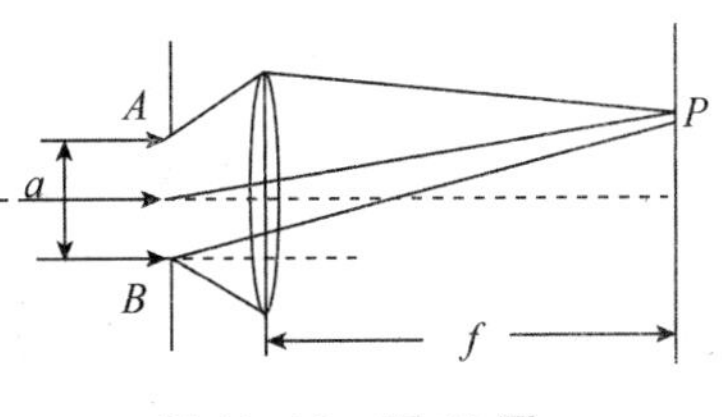

图11-15 题19图

班级：＿＿＿＿＿　姓名：＿＿＿＿＿　学号：＿＿＿＿＿　任课教师：＿＿＿＿＿

11－20　在夫琅禾费单缝衍射实验中，波长为 λ 的单色光垂直入射在宽度为 $a=4\lambda$ 的单缝上，若衍射角 φ 为30°，则单缝处波振面可分成的半波带数目为＿＿＿＿＿＿。

11－21　在夫琅禾费单缝衍射实验中，将单缝宽度 a 稍稍变宽，同时使单缝沿 y 轴正方向作微小位移，则屏幕上的中央衍射条纹将(　　)

A）变窄，同时向上移　　B）变窄，同时向下移

C）变窄，不移动　　D）变宽，不移动

11－22　He－Ne激光器发出 $\lambda=6.328\times10^{-7}$ m的平行光束，垂直照射到一单缝上，在距单缝3 m远的屏上观察夫琅禾费衍射图样，测得两个第二级暗纹间的距离是10 cm，则单缝的宽度 $a=$＿＿＿＿＿＿。

11－23　将平行光垂直入射于单缝上，观察夫琅禾费衍射。若屏上 P 点处为第二级暗纹，则单缝处波振面可相应地划分为＿＿＿＿＿个半波带；若将单缝宽度缩小一半，P 点将是＿＿＿＿＿级＿＿＿＿＿纹。

11－24　在夫琅禾费单缝衍射实验中，垂直入射的光有两种波长，$\lambda_1=4\times10^{-7}$ m，$\lambda_2=7.6\times10^{-7}$ m。已知单缝宽度 $a=1.0\times10^{-2}$ cm，透镜焦距 $f=50$ cm。求这两种光第一级衍射明纹中心之间的距离。

11－25　波长为 6.6×10^{-7} m的单色光垂直入射到缝宽为 $a=0.1$ mm的单缝上，透镜焦距 $f=1.5$ m，屏在透镜的焦平面处，观察夫琅禾费衍射图样。

求：（1）中央衍射明纹的宽度；（2）第二级暗纹到透镜焦点的距离。

微　课

班级：________ 姓名：________ 学号：________ 任课教师：________

授课章节	第十五章 量子物理 15.1 黑体辐射 普朗克能量子假设；15.2 光电效应 光的波粒二象性；15.3 康普顿效应
目的要求	理解黑体辐射及普朗克能量子假设；理解光电效应的实验规律及波粒二象性
重点难点	爱因斯坦光子理论 对光电效应和康普顿效应的解释

主要内容

学习笔录：

一、 普朗克能量子假设

普朗克能量子假设的具体内容如下。

(1) 把构成黑体的原子、分子看成带电的线性谐振子。

(2) 频率为 ν 的谐振子具有的能量只能是最小能量(能量子) $h\nu$ 的整数倍，即 $E = nh\nu$ ($n = 1, 2, \cdots$)，式中，n 称为量子数，$h = 6.62 \times 10^{-34}$ J·s 为普朗克常数。

(3) 谐振子与电磁场交换能量时，即在发射或吸收电磁波时，能量是量子化的，是一份一份的。

普朗克能量子假设与经典物理学理论有根本性的矛盾，因为根据经典物理学理论，谐振子的能量是不应受任何限制的，能量被吸收或发射也是连续进行的，但按照普朗克能量子假设，谐振子的能量是量子化的，即它们的能量是能量子 $h\nu$ 的整数倍。普朗克能量子假设与经典物理学理论不相容，但是它能够很好地解释黑体辐射等实验。此假设成了现代量子理论的开端。

二、 爱因斯坦光子理论

光子：光是以光速运动的粒子流，这些粒子称为光子。

光子的能量表达式为

$$\varepsilon = h\nu$$

光强(I)：单位时间内通过垂直于光子运动方向的单位面积的 N 个光子的能量。光强 I 的表达式为

$$I = Nh\nu$$

三、光电效应的实验规律

光电效应的实验规律为：

(1) 单位时间内从金属阴极逸出的光电子数目与入射光的光强成正比；

班级：________ 姓名：________ 学号：________ 任课教师：________

(2) 光电子的最大初动能与入射光的强度无关，与入射光的频率呈线性关系；

(3) 存在截止频率(红限频率)，入射光的频率大于红限频率时才会有光电效应；

(4) 瞬时性，无须时间积累，弛豫时间小于 10^{-9} s。

四、爱因斯坦光电效应方程

爱因斯坦光电效应方程为：$h\nu = \frac{1}{2}mv_{\mathrm{m}}^2 + W$，其中 W 为逸出功。

红限频率 ν_0 与逸出功的关系为：$h\nu_0 = W$ 。

遏止电压 U_{a} 与最大初动能的关系为：$\frac{1}{2}mv_{\mathrm{m}}^2 = eU_{\mathrm{a}}$。

注意：应用爱因斯坦光电效应方程解题时，重要的是弄清逸出功、红限频率、遏止电压等概念，计算时用光子能量公式、逸出功与红限频率的关系、光电子初动能和遏止电压的关系等联合求解。

五、光的波粒二象性

光既具有波动性，又具有粒子性，光的这种波动性与粒子性并存的性质称为光的波粒二象性。在一定条件下(干涉、衍射、偏振等)显示波动性的一面。在另一些条件下(光电效应、康普顿效应等)显示粒子性的一面。描述波动性的物理量是波长、频率；描述粒子性的物理量是质量、动能和动量。

光子的能量为 $\varepsilon = h\nu$，光子的动量为 $p = \frac{h}{\lambda} = \frac{h\nu}{c}$，光子的质量为 $m = \frac{h\nu}{c^2}$ (光子的静止质量为零)。

六、康普顿效应

1. 康普顿效应

散射线中除了有与入射线波长 λ_0 相同的射线外，还有波长大于入射线波长($\lambda > \lambda_0$)的射线，即波长移向长波的散射。

2. 康普顿效应的实验规律

(1) 波长增量 $\Delta\lambda = \lambda - \lambda_0$，其随衍射角 φ 的增大而增大，而与散射物质无关。根据能量守恒、动量守恒和相对论关系，可得康普顿散射公式为

$$\Delta\lambda = \lambda - \lambda_0 = \frac{h}{m_0 c}(1 - \cos\varphi) = \frac{2h}{m_0 c}\sin^2\frac{\varphi}{2}$$

班级：________ 姓名：________ 学号：________ 任课教师：________

康普顿波长为：$\frac{h}{m_0 c} = 2.43 \times 10^{-12}$ m，m_0 是电子静止质量。

(2) 波长变长(即波长为 λ) 的散射光强度与散射物质有关，随散射物质的原子序数增加(即质量增加) 而减弱。

3. 康普顿效应的光子理论解释

X 射线光子质量与静止电子的质量差别不大，在与散射物质中的电子发生碰撞时，光子沿某一方向散射，入射光子把一部分能量传给电子，使散射光子的能量降低，波长增长。

4. 康普顿效应的能量关系

散射光能量损失使反冲电子获得动能，具体表达式为

$$E_k = \frac{hc}{\lambda_0} - \frac{hc}{\lambda} = mc^2 - m_0 c^2$$

5. 光电效应与康普顿效应的异同点

光电效应与康普顿效应的异同点如下。

相同点：都是单个光子与单个电子间的相互作用，证实了光的粒子性。

不同点：光电效应中入射光为可见光，光子能量较低、质量较小，金属中的电子处于束缚状态，碰撞时电子吸收光子的能量，可看作完全非弹性碰撞，不需要考虑相对论效应；康普顿效应中入射光子为能量较高的 X 射线，其质量与电子静止质量差别不大，所以散射物质中的电子可当作自由电子处理，与光子发生完全弹性碰撞，同时要考虑相对论效应。

例题精解

例题 1：在瓷碟上面放一朵白花和一片黑叶，白花和黑叶面积相等。(1) 在阳光下，哪一个吸收可见光多？为什么黑叶没有白花亮？(2) 如果瓷碟放在黑暗处，黑叶并不发光，为什么说它辐射的能量多呢？(3) 如把瓷碟加热到能发出光时，再拿到黑暗中，问黑叶和白花中哪一个较亮？

解：(1) 在阳光下，白花反射可见光多，而吸收得少，因此看来是白色的；黑叶吸收多而反射少，所以黑叶没有白花亮。

(2) 放在黑暗处，黑叶辐射的能量比白花多，但因瓷碟本身的温度低，辐射的总能量少，尤其对于可见光区域则更少。温度较低时，相当于最大辐出度的峰值波长在红外部分。要分清辐射的能量多并不一定等于辐射可见光的能量多。

(3) 在较高温度时，黑叶辐射的可见光多于白花，因而将看到黑叶比白花亮。

班级：________ 姓名：________ 学号：________ 任课教师：________

例题2：波长 450 nm 的单色光射到纯钠的表面上，钠的逸出功为 2.28 eV，求：(1) 这种光的光子能量和动量；(2) 光电子逸出钠表面时的动能；(3) 若光子的能量为 2.40 eV，其波长为多少？

解：(1) 已知光的波长与频率的关系为 $\nu = c/\lambda$，所以光子的能量为

$$E = h\nu = \frac{hc}{\lambda}$$

将已知数据代入上式，得

$$E = \frac{6.63 \times 10^{-34} \times 3.0 \times 10^{8}}{450 \times 10^{-9}} = 4.42 \times 10^{-19}\ \mathrm{J}$$

如以电子伏[特]为能量单位，则

$$E = \frac{4.42 \times 10^{-19}}{1.6 \times 10^{-9}} = 2.76\ \mathrm{eV}$$

光子的动量为

$$p = \frac{h}{\lambda} = \frac{E}{c} = \frac{4.42 \times 10^{-19}}{3 \times 10^{8}} = 1.47 \times 10^{-27}\ \mathrm{kg \cdot m \cdot s^{-1}}$$

(2) 由爱因斯坦方程，有

$$\frac{1}{2}mv^2 = h\nu - W = 2.76 - 2.28 = 0.48\ \mathrm{eV}$$

(3) 光子能量为 2.40eV，其波长为

$$\lambda = \frac{hc}{E} = \frac{6.63 \times 10^{-34} \times 3.0 \times 10^{8}}{2.40 \times 1.6 \times 10^{-19}} = 5.20 \times 10^{-7}\ \mathrm{m}$$

例题3：钠的红限波长为 5×10^{-7} m，用波长为 4×10^{-7} m 的光照射在钠上，遏止电压等于多少？

解：由
$$\begin{cases} \frac{1}{2}mv_{\mathrm{m}}^{2} = h\nu - W \\ \frac{1}{2}mv_{\mathrm{m}}^{2} = eU_{\mathrm{a}} \end{cases}$$
得

$$U_{\mathrm{a}} = \frac{1}{e}(h\nu - W) = \frac{1}{e}\left(h\frac{c}{\lambda} - h\frac{c}{\lambda_0}\right) = \frac{hc}{e}\left(\frac{1}{\lambda} - \frac{1}{\lambda_0}\right)$$
$$= \frac{6.62 \times 10^{-34}}{1.60 \times 10^{-19}}\left(\frac{1}{4 \times 10^{-7}} - \frac{1}{5 \times 10^{-7}}\right)$$
$$= 0.62\ \mathrm{V}$$

例题4：$\lambda = 1 \times 10^{-10}$ m 的伦琴射线在碳块上散射，在散射角 $\varphi = 90°$ 的方向去看这散射光，试求以下问题。(1) 康普顿位移量 $\Delta\lambda$ 有多大？(2) 康普顿效应产生的频率改变量有多大？(3) 分配给这个反冲电子的动能有多大？

解：(1) 据康普顿散射波长公式 $\Delta\lambda = 2\dfrac{h}{m_0 c}\sin^2\dfrac{\varphi}{2}$，取 $\varphi = 90°$，得康普顿位移量为

$$\Delta\lambda = \frac{h}{m_0 c} = \frac{6.626\times10^{-34}}{9.1\times10^{-31}\times3\times10^{8}} = 2.43\times10^{-12}\ \text{m}$$

(2) 频率改变量可按 $\dfrac{\Delta\nu}{\nu} = -\dfrac{\Delta\lambda}{\lambda}$ 来计算，即

$$\Delta\nu = -\frac{\Delta\lambda}{\lambda}\nu = \frac{\Delta\lambda}{\lambda^2}c = -\frac{0.0243}{(1.00)^2}\times3\times10^{18} = -7.29\times10^{16}\ \text{Hz}$$

(3) 当伦琴光子和散射物质中自由电子作用时，能量应守恒，即入射光子能量 $h\nu$ 加静止电子能量 m_0c^2 应等于散射光子能量 $h\nu'$ 加反冲电子能量 mc^2。而据相对论原理，$(m - m_0)c^2$ 即为反冲电子的动能，所以反冲电子的动能为

$$(m - m_0)c^2 = h\nu - h\nu' = h\left(\frac{c}{\lambda} - \frac{c}{\lambda+\Delta\lambda}\right) = \frac{hc\Delta\lambda}{\lambda(\lambda+\Delta\lambda)}$$

$$= \frac{(6.626\times10^{-34})\times3\times10^{8}\times(2.43\times10^{-12})}{(1.00\times10^{-10})\times(1.00+0.0243)\times10^{-10}}$$

$$= 4.72\times10^{-17}\ \text{J}$$

入射光子能量为 $h\nu = 6.626\times10^{-34}\times\dfrac{3\times10^{8}}{1.00\times10^{-10}} = 1.99\times10^{-15}\ \text{J}$，反冲电子动能为 4.72×10^{-17} J，故在碰撞中光子能量损失大约 $\dfrac{4.72\times10^{-17}}{1.99\times10^{-15}} = 2.4\%$。

例题5：已知X射线的能量为0.060 MeV，受康普顿散射后，试求下列问题。

(1) 在散射角为$\dfrac{\pi}{2}$方向上，X射线波长为多少？(2) 反冲电子动能为多少？

解：(1) 入射X射线波长为

$$\lambda_0 = \frac{hc}{\varepsilon_0}\left(\varepsilon = h\nu = \frac{hc}{\nu}\right)$$

$$= \frac{6.62\times10^{-34}\times3\times10^{8}}{0.06\times10^{6}\times1.6\times10^{-19}}$$

$$= 2.07\times10^{-11}\ \text{m}$$

波长增量 $\Delta\lambda$ 为

$$\Delta\lambda = \lambda - \lambda_0 = \frac{2h}{m_0 c}\sin^2\frac{\varphi}{2} = \frac{2\times6.62\times10^{-34}}{9.1\times10^{-31}\times3\times10^{8}}\sin^2\frac{\pi}{4}$$

$$= 0.24\times10^{-11}\ \text{m}$$

于是，在散射角 $\frac{\pi}{2}$ 方向上的 X 射线波长为

$$\lambda = \lambda_0 + \Delta\lambda = 2.31 \times 10^{11}\ \text{m}$$

(2) 反冲电子获得的动能就是散射光子损失的能量，即

$$\begin{aligned} E_{\text{k}} &= E - E_0 = h\nu_0 - h\nu \\ &= 6.62 \times 10^{-34} \times 3 \times 10^{8}\left(\frac{1}{0.207 \times 10^{-10}} - \frac{1}{0.231 \times 10^{-10}}\right) \\ &= 9.97 \times 10^{-16}\ \text{J} \\ &= 6.23 \times 10^{3}\ \text{eV} \end{aligned}$$

课后作业

15 - 1 关于光电效应有下列说法，其中正确的是(　　)。

(1) 任何波长的可见光照射到任何金属表面都能产生光电效应

(2) 对同一金属，如有电子产生，则入射光的频率不同，光电子的最大初动能不同

(3) 对同一金属，由于入射光的波长不同，单位时间内产生的光电子的数目不同

(4) 对同一金属，若入射光频率不变而强度增加 1 倍，则饱和光电流也增加 1 倍

A) (1)、(2)、(3)　　B) (2)、(3)、(4)

C) (2)、(3)　　D) (2)、(4)

15 - 2 光子波长为 λ，则其能量、动量的大小和质量分别为(　　)。

A) $h\nu$、$\frac{h\nu}{c}$、$\frac{h\nu}{c^2}$　　B) $\frac{hc}{\lambda}$、$\frac{h}{\lambda}$、$\frac{h}{c\lambda}$

C) mc^2、$\frac{h\nu}{c}$、$\frac{h\nu}{c^2}$　　D) 以上答案都不对

15 - 3 设用频率为 γ_1 和 γ_2 两种单色光，先后照射同一种金属均能产生光电效应。已知金属的红限频率为 γ_0，测得两次照射时的遏止电压 $|U_{a2}| = 3|U_{a1}|$，则以下描述这两种单色光频率关系的公式中正确的是(　　)。

A) $\gamma_2 = \gamma_1 - \gamma_0$　　B) $\gamma_2 = 2\gamma_1 - \gamma_0$

C) $\gamma_2 = 3\gamma_1 - 2\gamma_0$　　D) $\gamma_2 = 3\gamma_0 - 2\gamma_1$

15 - 4 用波长为 0.1×10^{-10} m 的 X 射线作康普顿散射实验，当散射角为 90° 时，X 射线光子所损失的能量与散射前光子能量的比值为 ____________。

班级：________ 姓名：________ 学号：________ 任课教师：________

15 - 5　今有波长为 3×10^{-7} m 的光照射到钾表面上，现有以下问题。(1) 求光子的能量 $h\nu$、质量 m 和动量 p；(2) 若已知钾的逸出功为 2.21 eV，问能否产生光电效应？

15 - 6　钡的逸出功为 2.5 eV，今有波长为 200 nm 的光照射到其表面，求：(1) 钡发射出的光电子最大初速度 $v_{\max}$；(2) 遏止电压 U_a。

15 - 7　在与波长为 0.1×10^{-10} m 的入射 X 射线束成某个角度 φ 的方向上，康普顿效应引起的波长增量为 0.024×10^{-10} m，试求：(1) 散射角 φ；(2) 这时传递给反冲电子的动能 E_k。

班级：________　　姓名：________　　学号：________　　任课教师：________

15 - 8　在康普顿散射实验中，入射光子的波长为 0.03×10^{-10} m，反冲电子的速度为 $0.60c$，试求散射光子的波长 λ 及散射角 φ。

15 - 9　光电管的阴极用逸出功 $A=2.2$ eV 的金属制成，今用一单色光照射此光电管，阴极发射出光电子，测得遏止压为 $U_a=5.0$ V，求：(1) 光电管阴极金属的光电效应红限波长 λ_0；(2) 入射光波长 λ。（普朗克常数 $h=6.63\times10^{-34}$ J·s，基本电荷 $e=1.6\times10^{-19}$ C。）

微　课

参考答案（乙本）

第七章　恒定磁场

7-13　D）

7-14　B）

7-15　1 : 1

7-16　$\dfrac{\mu_0 I}{2\pi r}$，$\dfrac{\mu_0 Il}{2\pi}\ln\dfrac{R_2}{R_1}$

7-17　（1）$\Phi_{abOc}=-0.24\text{Wb}$；（2）$\Phi_{bedO}=0$；（3）$\Phi_{acde}=0.24\ \text{Wb}$

7-18　D）

7-19　B）

7-20　$\dfrac{\mu_0 ih}{2\pi R}$

7-21　（1）$B_1=\dfrac{\mu_0 IR_2^2}{2\pi a(R_1^2-R_2^2)}$；（2）$B_2=\dfrac{\mu_0 Ia}{2\pi(R_1^2-R_2^2)}$

7-22　（1）$B=\dfrac{\mu_0 NI}{2\pi r}$；（2）$\Phi=\dfrac{\mu_0 NIh}{2\pi}\ln\dfrac{d_1}{d_2}$

7-33　C）

7-34　（b），矫顽力大，（a），矫顽力小，（b），（a）

7-35　②，③，①

7-36　（1）$B_1=\dfrac{\mu_0 Ir}{2\pi R_1^2}$，$H_1=\dfrac{Ir}{2\pi R_1^2}$；（2）$B_2=\dfrac{\mu_0\mu_r I}{2\pi r}$，$H_2=\dfrac{I}{2\pi r}$；（3）$B_3=\dfrac{\mu_0 I}{2\pi r}$，$H_3=\dfrac{I}{2\pi r}$

7-37（1）$r<R_1$，$H=\dfrac{Ir}{2\pi R_1^2}$，$B=\dfrac{\mu_0\mu_{r1}Ir}{2\pi R_1^2}$；（2）$R_1<r<R_2$，$H=\dfrac{I}{2\pi r}$，$B=\dfrac{\mu_0\mu_{r2}I}{2\pi r}$；（3）$R_2<r<R_3$，$H=\dfrac{I(R_3^2-r^2)}{2\pi r(R_3^2-R_2^2)}$，$B=\dfrac{\mu_0\mu_{r1}I(R_3^2-r^2)}{2\pi r(R_3^2-R_2^2)}$；（4）$r>R_2$，$H=B=0$

第八章　电磁感应　电磁场

8-1　B）、C）

8-2　A）

8-3 $\dfrac{\mu_0 I\pi r^2}{2a}\cos\omega t$，$\dfrac{\mu_0 I\pi r^2\omega}{2aR}\sin\omega t$

8-4 $-\mu_0 n I_m \pi a^2 \omega\cos\omega t$

8-5 $\varepsilon_i\dfrac{\mu_0 I_0}{2\pi}ve^{-\lambda t}(\lambda t-1)\ln\dfrac{a+b}{a}$，讨论：当 $\begin{cases}\lambda t<1\text{ 时，}\varepsilon_i\text{ 为逆时针方向}\\ \lambda t>1\text{ 时，}\varepsilon_i\text{ 为顺时针方向}\end{cases}$

8-6 $-\dfrac{\mu_0 \alpha d}{2\pi}\ln\dfrac{4}{3}$，感生电流为顺时针方向

8-13 C）

8-14 D）

8-15 C）

8-16 0，0.2 H，0.05 H

8-17 $L=\dfrac{\mu_0 N^2 h}{2\pi}\ln\dfrac{b}{a}$

8-18 $M=\dfrac{\mu_0 N_1 N_2 \pi r^2 R^2}{2(R^2+d^2)^{3/2}}$

8-19 A）

8-20 C）

8-21 C）

8-22 3A

8-23 $W_m=\dfrac{1}{2}LI^2=\dfrac{1}{2}\times 5\pi\times 10^{-3}\times(0.2)^2=3.14\times 10^{-4}$ J

8-24 $\dfrac{\mu_0 I^2}{16\pi}$

第十一章　光学

11-13 B）

11-14 $R=10$ m

11-15 (1) $e_{10}=2.32\times 10^{-4}$ cm；(2) $\gamma_{10}=0.373$ cm

11-16 5.391×10^{-7} m（$2\times 0.62\times 10^{-3}=2\,300\lambda$）

11-17 $\dfrac{N\lambda}{2L}+1$

11-18 (1) $\lambda=5\times 10^{-7}$ m；(2) $k=72$

11-19 3.6×10^{-2} cm

11-20 4

11-21 C）

11-22 7.59×10^{-3} cm

11-23 4，一，暗

11-24　0.27 cm

11-25　(1) 1.98 cm；(2) 1.98 cm

第十五章　量子物理

15-1　D)

15-2　B)

15-3　C)

15-4　19.5%

15-5　(1) $h\nu=6.62\times10^{-19}$ J $=4.14$ eV，$m=7.37\times10^{-36}$ kg，$p=2.21\times10^{-27}$ kg·m/s；(2) 能

15-6　(1) $v_{max}=1.14\times10^{6}$ m/s；(2) $U_{a}=3.72$ V

15-7　$\varphi=89.3°$；$E_{k}=2.4\times10^{4}$ eV

15-8　$\lambda=4.34\times10^{-12}$ m；$\varphi=63.35°$

15-9　(1) $\lambda_{0}=565$ nm；(2) $\lambda=173$ nm

参 考 文 献

[1] 马振宁. 大学物理同步辅导 [M]. 北京：首都经济贸易大学出版社，2016.
[2] 单亚拿，马振宁. 大学物理知识内容精讲与应用能力提升 [M]. 北京：高等教育出版社，2018.
[3] 东南大学，马文蔚. 物理学 [M]. 5 版. 北京：高等教育出版社，2006.
[4] 陆果. 大学物理资源库 [CP/CD]. 北京：高等教育出版社，2007.
[5] 程守洙，江之永. 普通物理学 [M]. 北京：高等教育出版社，2006.
[6] 姚启钧. 光学教程 [M]. 北京：高等教育出版社，2008.
[7] 赵凯华，陈熙谋. 电磁学 [M]. 4 版. 北京：高等教育出版社，2018.
[8] 余虹，张殿凤. 大学物理解题能力训练 [M]. 大连：大连理工大学出版社，2008.
[9] 郑国和. 最新大学物理复习指导 [M]. 北京：海洋出版社，2000.
[10] 刘娟，胡演，周雅. 物理光学基础教程 [M]. 北京：北京理工大学出版社，2017.
[11] 康山林，刘华，梁宝社. 大学物理学习指导 [M]. 北京：北京理工大学出版社，2011.

第 次 第102页